Claudia und Dennis Gombkötö

„Network-Marketing & Family“

The perfect Match

Bibliografische Information der Deutschen Nationalbibliothek:
Die Deutsche Nationalbibliothek verzeichnet diese Publikation in der Deutschen Nationalbibliografie; detaillierte bibliografische Daten sind im Internet abrufbar über
http://dnb.dnb.de

ISBN 978-3-941412-82-8

Impressum
Verlag:
REKRU-TIER GmbH, München

Gerne schreibe ich anlässlich der Veröffentlichung von Claudia & Dennis' Buch ein paar persönliche Zeilen für sie und ihre Familie. Geschäftlich und privat kenne ich die beiden schon sehr lange und kann sagen, dass sie weltweit zu den besten und erfolgreichsten Führungskräften unserer Industrie gehören. Das was sie aufgebaut haben, das Niveau auf dem sie arbeiten, die Ausstrahlung die sie haben und die Vorbildwirkung die sie verkörpern, ist für so viele von uns beispielgebend und inspirierend. Was ich allerdings am meisten an ihnen schätze ist, das sie extrem „gebende Menschen" sind, denen das Wohl und die Bedürfnisse anderer wichtiger sind als ihre Eigenen. Das ist auch der Grund für ihre außergewöhnliche Erfolge. Für den eigenen zukünftigen Erfolg im Network-Marketing empfehle ich von Herzen, ihr Buch zu lesen und Teil ihres Movements zu werden.

Herzliche Grüße

Euer Jeff Roberti

100 Million Dollar Earner
The Icon of the Industry world wide
30 Years in the Network-Marketing-Profession

Inhaltsverzeichnis

Wir widmen dieses Buch unseren Kindern Jamie und Jona. Ihr seid unser Leben und unser täglicher Antrieb, uns immer weiter zu entwickeln und unser sowie euer Leben zu einem wahren Meisterwerk zu machen.

Wir lieben euch über alles.

Vorwort

Befund: Unnormal

Es ist schon ein paar Jahre her. Elternabend. Die Lehrerin kommt auf uns zu und sagt: "Herr Gombkötö, ich muss Sie jetzt doch mal was Persönliches fragen." Ich sage: „Gern, tun Sie sich keinen Zwang an." Daraufhin die Lehrerin: "Ich habe vor kurzem Ihren Jamie gefragt, was Sie beruflich machen." Jamie antwortete: „Früher war mein Papa Zahnarzt." Und dann habe ich ihn gefragt: „Und was macht er heute?" Und da sagte der kleine Kerl doch tatsächlich zu seiner Lehrerin: "Heute ist er mein Papa."

Für alle, die sich darüber wundern, wie ein damals Sechsjähriger auf eine solche Aussage kommt, schreiben wir dieses Buch. Wir beantworten hier die Frage, wie es uns gelungen ist, uns mehr Zeit für unsere Kinder zu erarbeiten. Inzwischen reisen wir um die Welt, wann immer es uns gefällt, und arbeiten von zu Hause aus, wenn uns danach ist.

Ich gab freiwillig meinen Beruf als Zahnarzt auf - und damit auch meine Blanko-Garantie auf ein finanziell abgesichertes Leben. Claudia zog ebenfalls mit. Als zweifach studierte Betriebswirtin kündigte sie ihren Job als Personalerin bei einem Automobilkonzern. Wir beide entschieden uns gegen die Sicherheiten gut bezahlter Jobs und für den Weg ins Network-Marketing. Heute können wir sagen, es war die beste Entscheidung unseres Lebens. Wir sind erfolgreich, haben Zeit und verdienen mehr als je zuvor.

Unsere Geschichte bezeichnen Freunde und Bekannte oft als „unnormal". Und das stimmt auch. Wir gehen diesen unnormalen Weg allerdings gern, denn für uns bedeutet er: zeitlich unabhängig zu sein, finanzielle Freiräume zu haben und Entscheidungen frei zu treffen. Wir machen das, was wir wollen und, nicht das, was andere von uns erwarten.

Doch unser Weg ist nicht nur unnormal. Er war anfangs auch nicht besonders leicht. Wie andere Start-ups und Gründer haben auch wir gemeinsam am Küchentisch gesessen und überlegt, was wir als Nächstes tun sollen und wie wir es schaffen können. Auch wir waren nervös, wenn nicht alles sofort beim ersten Mal geklappt hat. Das wollen wir hier keineswegs verschweigen. Wir wollen auch nicht versäumen zu erwähnen, dass wir anfangs sehr skeptisch waren, als wir das Angebot bekamen, ins Network-Marketing einzusteigen.

Aber wenn wir uns heute in unserem Zuhause umsehen und durch unser Haus spazieren und die Videos und Fotos anschauen, die auf unseren Reisen mit unserem Team entstanden sind, dann wissen wir, dass unsere Entscheidung goldrichtig war. Wir bereuen keinen einzigen Tag des vergangenen Jahrzehnts – ganz im Gegenteil: Wir wollen keinen einzigen Tag missen. Im Network-Marketing sind wir damit beschäftigt, unabhängige Existenzen aufzubauen und, wir helfen im großen Stil dabei, gesunde Produkte zu vermarkten. Wir selbst leben gesund, sind munter, glücklich und zufrieden und freuen uns auf jeden Tag. Denn inzwischen fühlt sich jeder Tag für uns an wie ein Samstag.

Dieses Buch kann zu deiner Anleitung werden und dir zeigen, wie du dich als Einsteiger oder Aufsteiger im Network-Marketing zurechtfindest. Es enthält autobiografische Elemente, damit du uns und unsere Beweggründe kennenlernst. Möglicherweise entdeckst du Parallelen zu deinem Leben und lässt dich im Hinblick auf deine eigenen Entscheidungen inspirieren. Das würde uns freuen. Denn wir wollen Gutes zurückgeben und anderen dabei helfen, die eigene Lebensqualität zu steigern. Auch deswegen unterstützen wir unseren Partner, der in Nigeria ein Kinderheim gegründet hat. Man kann vielleicht nicht die ganze Welt besser machen. Aber man kann damit anfangen, es zu versuchen.

So vielseitig sich das Leben unserer Network-Marketing-Family gestaltet, so vielschichtig sollte auch unser Buch werden. Wir haben es in vier Säulen aufgeteilt. Im ersten Viertel verführen wir dich zum "Träumen". Träumen ist die wichtigste Fähigkeit überhaupt. Nicht nur - aber auch ganz wesentlich - im Network-Marketing. Du lernst das Träumen völlig neu kennen, denn: keine Träume, keine persönlichen Ziele. Und: keine persönlichen Ziele, keine Zielerreichung. Schwelge in Träumen. Das ist erlaubt, notwendig und erwünscht. Wenn du dir vorstellen kannst, wo du ankommen willst, dann kannst du es auch schaffen.

Im nächsten Viertel "Aufwachen" lernst du essenzielle Fakten rund ums Network-Marketing kennen. Was genau Network-Marketing ist, worauf du achten solltest, wenn du erfolgreich werden möchtest und, wie sich das Network-Marketing auf deine persönliche Einstellung und Entwicklung auswirkt.

In der dritten Säule "Weiterträumen" sprechen wir über die leider noch nicht gleichberechtigte Stellung von Frauen - und insbesondere von Müttern - in der klassischen Arbeitswelt. Dieser traurige Zustand lässt sich mit Network-Marketing überwinden. Außerdem setzen wir die schon im ersten Buchviertel begonnene Umgestaltung von Grimms Märchen fort.
Wir lassen dich an unseren Überlegungen teilhaben, wie die Märchen wohl ausgegangen wären, wenn es zu Zeiten der Grimm-Brüder schon

Network-Marketing gegeben hätte. Unsere überarbeiteten Märchen sollen mit dazu beitragen, Einsteigern das Prinzip des Network-Marketings zu verdeutlichen. Nach Hänsel und Gretel im ersten Viertel folgt im dritten Viertel Schneewittchen mit einer gänzlich unerwarteten Wendung.

In der vierten Säule "Handeln" bist du gefragt. Mit Checklisten, Anekdoten aus dem Alltag einer Network-Marketing-Familie und Handlungsanweisungen solltest du nun über das Rüstzeug verfügen, um selbst voll durchzustarten und über dich hinauszuwachsen.

Viel Spaß, spannende Unterhaltung und viele neue Erkenntnisse wünschen dir

Dennis und Claudia Gombkötö

I. Träumen

Du

Herzlich willkommen im Traumraum

(Von Dennis und Claudia Gombkötö)

Was wäre, wenn die kindliche Vorstellungskraft im Laufe des Lebens erhalten bliebe? Oder besser: Was wäre, wenn dein Umfeld dich wieder und wieder dazu ermutigte, kreativ zu sein, zügellos zu träumen und den Gedanken alle Grenzen zu öffnen?
Was wäre, wenn du von einem Moment zum anderen die Spielregeln ändern könntest? Wenn sich mit einem Fingerschnipp die Sonne hinter den Wolken hervorlocken ließe. Oder die Bahnschranke sich öffnete, sobald du dich ihr mit deinem Auto näherst? Was wäre, wenn es für dich keine Wartezeit mehr gäbe? Niemals wieder und nirgendwo mehr. Wenn dein Leben einhundertprozentig reibungslos verliefe?

Was wäre, wenn du physische Gesetze außer Kraft setzen könntest? Wenn du über den See spazieren könntest, um den Fußball deines Sohnes zu holen, den er gerade versehentlich in die falsche Richtung geschossen hat? Oder wenn du ungeachtet der Gravitation abhebst, um den Heliumballon zurück auf die Erde zu holen, den deine Tochter in einem unaufmerksamen Moment in die Luft steigen ließ? Was wäre, wenn ...?
Wenn du dir diese Dinge vorstellen kannst, hast du Fantasie. Wenn du sie herbeisehnst, dann bist du ein Träumer. Nur Träumer haben das Zeug dazu, Träume zu erfüllen. Sich selbst und anderen. Willkommen im Club!

Diese Art des Träumens ist noch nicht sehr lange salonfähig. Denn was wäre wohl passiert, wenn jemand im Mittelalter der Menschheit erzählt hätte, dass es ein paar hundert Jahre später möglich wäre, in großen Metallvögeln um die Erde zu fliegen oder ganze Tagesmärsche voneinander entfernt über Geräte miteinander sprechen zu können? Das hätte die Lebenserwartung dieses Träumers wahrscheinlich drastisch gesenkt. Sicherlich hätte er sich schnell im Kerker wiedergefunden und wegen des Verdachts der Hexerei bald darauf vermutlich auf dem Scheiterhaufen.

Nur ein paar Jahrhunderte später war es allerdings möglich, die Schwerkraft zu überwinden, und die ersten Fluggeräte wurden entwickelt und gebaut. Die Pioniere der Luftfahrt haben fest an ihre Träume geglaubt und sie in die Tat umgesetzt.
Heute ist der Luftverkehr aus unserem Leben nicht mehr wegzudenken. Durch diese mobile Freiheit sind viele Entwicklungen des 21. Jahrhunderts erst möglich geworden. Niemand zweifelt heute mehr die Funktionalität von Flugzeugen an. Flugzeuge werden gebaut und genutzt. In wenigen Stunden können sie Tausende von Kilometern zurücklegen.

Wenn es um die Überwindung monotoner 9-to-5-Jobs geht, deren Sinnhaftigkeit von vielen Arbeitnehmern Woche für Woche – meistens am Montag – hinterfragt wird, scheinen eben diese Arbeitnehmer plötzlich an mangelnder Vorstellungskraft zu leiden: "Da kann man nichts machen. Man muss ja Geld verdienen. Schließlich muss man ja von irgendetwas leben."
Immer dieselben Klagen. Aber warum eigentlich?

Wir selbst gehörten lange Zeit dazu und trotteten der Herde hinterher. Mit äußerst angesehenen und gut bezahlten Jobs zwar, aber auch ein goldener Käfig ist ein Käfig. Doch wir wollten nicht nur frei sein, sondern suchten noch etwas anderes in unserem Leben, nämlich Erfüllung. Wir träumten vor uns hin: Was wäre, wenn wir Familie und

Arbeit gelungen miteinander vereinbaren und unseren Job zum Hobby machen könnten? Die Träumerei hatte 2006 ein Ende. Mit unserem Einstieg ins Network-Marketing begannen wir, unsere eigene berufliche Wundermaschine zu bauen - wir wollten in eine höhere Umlaufbahn gelangen und endlich unser eigenes Ding machen.

Seit wir uns aus unseren alten Jobs gelöst haben, sagen wir nur noch selten "nein". Deswegen erschien es uns sinnvoll, ein "Ja-Buch" zu schreiben. Ein Buch voller positiver Gedanken, Impulse und Inspirationen. Ein Buch, das dich und (weiterhin) auch uns motivieren soll, das Träumen fortzusetzen oder (wieder) damit zu beginnen. Wir sind extrem dankbar und glücklich dafür, dass unser Business uns so viel ermöglicht hat. Dieses Glück wollen wir mit dir teilen. Wir wollen zeigen, dass scheinbar Unmögliches möglich werden kann, wenn man daran glaubt und gleichzeitig - und das ist wirklich wichtig - darauf hinarbeitet, dieses Ziel zu erreichen. Die besten Träumer erreichen nichts, wenn sie nicht ins Handeln kommen.

Um dir deinen Weg zu erleichtern, werfen wir in den nächsten Kapiteln einige wesentliche Fragen auf, die dir dabei helfen sollen, selbst auch erfolgreich zu werden. Wenn du gedanklich nicht weiterkommst oder generell an Austausch interessiert bist, dann schreib uns einfach. Auch auf dein Feedback zu unserem Buch freuen wir uns sehr.

Magic Moments: Wie positive Gedanken uns in die richtige Richtung lenken

(Von Claudia und Dennis Gombkötö)

Wenn wir Dinge ändern möchten, setzen wir die Frucht ein, die uns zum Erfolg führt: unsere "Birne" - den Bereich also, der sich zwischen unseren Ohren befindet. Und zwar nicht nur im Hinblick auf das Network-Marketing, sondern im Hinblick auf alle Lebensbereiche. Das Leben positiv zu betrachten, will gelernt sein. Insbesondere in einer Zeit, in der wir tagtäglich von schlechten Nachrichten überschwemmt werden. Wir hören und lesen von Katastrophen, Leid und Missgunst. Und die gruseligen Botschaften verbreiten sich in Windeseile. Es gibt mehr als genug Menschen in den sozialen Netzwerken, die Horror-News freiwillig teilen, um dann gemeinsam in die Klagelieder einzustimmen. Seltsam, oder? Wieso machen die das? Obwohl die meisten Menschen sich vermutlich Spaß am Leben wünschen, tun sie die Dinge, die genau das Gegenteil bewirken. Wer sich negativen Einflüssen unterwirft, muss sich nicht wundern, wenn die Freude im Leben zu kurz kommt.

Wir wollen dir anhand eines konkreten Beispiels aus dem alltäglichen Leben verdeutlichen, wie dein Denken dein Handeln beeinflusst. Hast du schon mal in einem Restaurant einen Kaffee geordert und die Bedienung war etwas unsicher? Als sie den Kaffee servierte, lief natürlich prompt ein Teil über. Eine Erklärung könnte sein, dass der Kellner oder die Kellnerin den Blick auf das Tablett richtete und nicht auf das eigentliche Ziel, also auf dich. Obwohl oder gerade weil der Wunsch, nichts zu verschütten, im Vordergrund stand, verteilte sich der Kaffee wie von Geisterhand auf der Untertasse.

Probiere es selbst. Fülle eine Tasse oder eine Suppenschüssel randvoll (am besten mit Wasser) und trage sie mit möglichst hoher Geschwindigkeit über eine Distanz von mindestens zehn Metern. Einmal schaust du direkt zum Ziel und, zwar ohne einen einzigen Blick nach unten - mit hoher Wahrscheinlichkeit wirst du nichts verschütten. Und dann trägst du sie mit derselben Geschwindigkeit und bis zum Rand gefüllt noch einmal über dieselbe Strecke. Diesmal achte genau auf den Inhalt - mit Sicherheit landet einiges auf dem Boden.

Was bedeutet das für dich und deine Zukunft? Ganz einfach: Wenn du ein konkretes Ziel vor Augen hast, das du erreichen möchtest, dann solltest du dieses Ziel nicht aus den Augen verlieren:

"Wenn du nach oben möchtest, schau nicht nach unten."

So wie ein erfahrener Bergsteiger an einem gefährlichen Abhang tunlichst darauf verzichtet, sich nach unten zu orientieren und sich stattdessen weiter nach oben vorarbeitet, sollte jeder Mensch, der nach dem Glück sucht, sein persönliches Glück definieren und es pausenlos im Hinterkopf behalten. Verzichte darauf, dich an Nachteilen und Unzulänglichkeiten zu orientieren. Es macht überhaupt keinen Sinn, Leuten zu folgen, die mit sich und der Welt unzufrieden sind. Denn das führt mittel- und langfristig zu Verstimmungen und Misserfolg. Doch möglicherweise stehst auch du selbst dir gelegentlich im Weg. Wenn du dir und auch anderen ständig erzählst, dass du keine Zeit oder viele Probleme hast, könnte es hilfreich sein, diese belastenden Botschaften umzuformulieren in: "Ich habe dann und dann Zeit." Und: "Meine größten Herausforderungen heißen X, X und X, und ich werde sie folgendermaßen lösen." Merkst du, was passiert? Schnell verfliegt der Grauschleier, der eben noch über deinem Gemüt lag. Die Sonne kommt heraus. So einfach ist das. Das einfache (positive)

Denken wird uns Menschen mit der Zeit abtrainiert. Durch Umwelt und Umfeld. Wer das bemerkt und versteht, kann Abhilfe schaffen und die eigene Lebensqualität verbessern. Ändere deine Blickrichtung, wenn du dich verändern willst. Und schreibe deine eigene Geschichte neu.

Wenn du könntest, wie du wolltest, was würdest du als erstes in deinem Leben verändern?

____

____

Schaffst du das innerhalb von neunzig Tagen?

Ja / Nein, weil ich ______________________________________

____

Wir wollen dir erzählen, wieso es sinnvoll ist, genau zu überlegen, an was du denkst und was du sagst. Die Frucht, die zum Erfolg führt, also unsere "Birne", ist aufgeteilt in den Bereich des Bewusstseins und des Unterbewusstseins. Das Bewusstsein macht etwa 15 Prozent aus. Du kannst dich bewusst für oder gegen etwas entscheiden. Das Unterbewusstsein hingegen nimmt etwa 85 Prozent für sich in Anspruch und kennt kein Nein. Es nimmt demnach alles an. Wenn das Unterbewusstsein also mit zu viel Negativem gefüttert wird, sagt es ungefiltert dennoch "Ja". Damit ist auch zu erklären, warum der Kellner das Getränk verschüttet, wenn er auf den Kaffeebecher schaut und die Worte: "Bloß nicht verschütten" im Kopf hat. Das Unterbewusste versteht nur "verschütten, verschütten."

„Das Obst mit dem höchsten Potenzial für Erfolg ist unsere Birne.“

Menschen wundern sich, warum sie anders handeln, als sie sich das vorgenommen und bewusst entschieden haben. Wenn die Resultate fortlaufend nicht mit dem Vorhaben übereinstimmen, sollte das Unterbewusstsein mit positiven Einflüssen gespeist werden. Günstige Effekte machen sich bei denjenigen bemerkbar, die sich dauerhaft vorteilhaften Informationen aussetzen.

Es lohnt sich also, positiv geladen ins und durchs Leben zu gehen. Dennoch ein kleiner Warnhinweis am Rande für alle, die sich nun total motiviert auf die Reise machen wollen, um neue Welten zu entdecken, dem “Okay-Leben” den Rücken zu kehren und ins perfekte Leben zu starten: Wer sich entscheidet, mehr Freude ins Leben zu lassen und das konsequent nach außen kommuniziert, kann sich jetzt schon mal darauf gefasst machen, dass nicht jeder im gewohnten Umfeld das begrüßen wird. Immerhin setzt der Veränderer sein Umfeld unter Druck. Wenn zum Beispiel in einer Partnerschaft ein Partner damit beginnt, Sport zu machen und sich gesünder zu ernähren, um abzunehmen, könnte der andere sich unter Zugzwang sehen. Das kann zu Spannungen führen. Wenn man sich verändert, wenn man also den sicheren Hafen verlässt, muss man damit rechnen, dass es auf der anderen Seite wenig Verständnis gibt. Sei also vorbereitet.

Sich zum Positiven zu bekennen, erfordert eine erhebliche mentale Stärke. Doch das Ergebnis ist verlockend. Stell dir vor, dass du eines Tages glücklich aufstehst und dass dieses Glücksgefühl den ganzen Tag anhält, bis du abends glücklich wieder ins Bett gehst. Sich auf das Glück, auf Ausgeglichenheit und Freude zu konzentrieren, hat etwas extrem Erfüllendes. Wir wissen das. Denn wir leben es.

Wir selbst waren lange Zeit unzufrieden. Sicherlich: Als Zahnarzt und Angestellte in einem renommierten Automobilkonzern haben wir im Vergleich zu anderen auf hohem Niveau geklagt. Keine Frage, finanziell waren wir gut versorgt. Aber uns machte die fehlende Zeit zu schaffen. Keiner von uns beiden hatte etwas von der Familie. Bis zu sechs Tage Arbeit pro Woche, abends ein "High Five" an der Bettkante, dann das optimierte Aufladen der Akkus im Eilverfahren, um am nächsten Tage wieder einigermaßen funktionieren zu können. Die Monotonie der Jobs drückte aufs Gemüt. Und doch war genau das unser Leben. Mit der Zeit haben wir uns und die Situation infrage gestellt: Soll das die Erfüllung für den Rest unseres Arbeitslebens sein? Wir waren uns sicher, dass es Alternativen geben muss. Also begannen wir mit dem Träumen. Wir stellten uns vor, wie es wäre, ortsunabhängig arbeiten zu können und, entwarfen Traumbilder (darauf gehen wir später noch einmal genauer ein). Nun wollen wir aber erst einmal wissen:

Wovon träumst du? Was möchtest du erreichen?

____

____

____

____

____

____

Wie viel Zeit gibst du dir am heutigen Tag, um deine Ziele zu erreichen?

______________________________ Stunden

Hätte die Menschheit sich nicht weiterentwickelt, wäre unser Transportmittel Nummer Eins auch heute noch das Pferd. Aber wir haben uns weiterentwickelt. Wir können fliegen. Wir haben die Erde verlassen und den Mond betreten. Unbemannte Raumschiffe haben es schon bis zum Mars geschafft. Was also sollte uns daran hindern, unserem Leben neue Impulse in die richtige Richtung zu geben?

Network-Marketing-Schatzkarte: Mit dem Vision-Board ans Ziel

(Von Claudia Gombkötö)

Nun bist du voller Elan, positiv gestimmt und hoch motiviert wie schon lange nicht mehr. Du stehst an der Startlinie und willst loslaufen. Aber wohin eigentlich? Wir wissen ja, dass nur diejenigen das Ziel erreichen, die es auch im Blick behalten. Aber wie setzt man sich ein Ziel? Oder besser: Wie setzt man sich das richtige Ziel?

Hier eine kurze Anleitung:

Stell dir einfach mal vor, dass hinter diesem Buch in diesem Moment eine kleine Fee mit ihrem Zauberstab emporschwebt. Sie stellt dir die Erfüllung dreier Wünsche in Aussicht, wenn du sie innerhalb von zehn Minuten formulierst. Versuch's mal.

Welche drei Wünsche soll die Fee dir erfüllen? Um es dir etwas einfacher zu machen, nennen wir dir drei Themenbereiche.

Mein erster Wunsch (Persönlichkeit):

____

____

(Der erste Wunsch betrifft deine Persönlichkeit. Was genau möchtest du an deinen persönlichen Eigenschaften verbessern?)

Mein zweiter Wunsch (Können):

____

____

(Der zweite Wunsch betrifft deine Fähigkeiten. Welche Skills möchtest du dir gern aneignen oder verbessern?)

Mein dritter Wunsch (Haben):

____

____

(Der dritte Wunsch betrifft deinen Besitz. Welche finanzielle Situation wünschst du dir für dich und deine Familie?)

Das war einfach, oder? Wenn Menschen von Dingen träumen, die ihnen abwegig und absurd weit weg erscheinen, dann fällt ihnen das Wünschen paradoxerweise plötzlich ganz leicht. Und dann müssten sie doch eigentlich anfangen, alles zu tun, um sich diese Wünsche zu erfüllen, oder? So seltsam es klingt, so schnell übernimmt die antrainierte "Vernunft" wieder das Steuer und bremst den Elan, den du brauchst, um durchzustarten und deine Wünsche umzusetzen. Auf dieses Phänomen gehen wir später noch näher ein.

Wollen wir uns weiter vorwagen und schauen, was wir gemeinsam entdecken können? Was verbirgt sich zum Beispiel hinter der nächsten geheimnisvollen Tür im Traumraum? Lass uns vernünftigerweise mal so richtig unvernünftig sein und "Wenn" und "Aber" die rote Karte zeigen. Und dann visualisiere deine Wünsche. Wir selbst haben das schon öfter gemacht. Kein Wunsch erschien uns zu groß, als dass wir ihm nicht Platz auf unserem Vision-Board eingeräumt hätten.

Anders als in Abenteuerfilmen müssen wir keine Expeditionen unternehmen, um unsere Schatzkarte zu finden. Wir kreieren sie selbst. Wenn wir damit fertig sind, dann machen wir uns auf die Suche nach deiner Schatzkammer. Sie befindet sich irgendwo zwischen dem Ort, an dem du gerade dieses Buch liest, und dem anderen Ende der Welt.

Schau noch einmal auf deine Wünsche, denn die wollen wir ja wahr werden lassen und überlege dir, welche Bilder zu ihnen passen. Möchtest du gesünder leben? Vielleicht ein paar Pfund abnehmen? Mehr Anerkennung von deinem Umfeld bekommen? Dann suche in Katalogen oder Bilderdatenbanken nach Vorbildern. Schneide oder drucke sie aus und fertige eine Schatzkarte mit deiner Zielcollage an. Die Schatzkarte darf die Dimension eines größeren Plakats oder einer Wandzeitung haben. Hänge schließlich deine persönliche Schatzkarte an einem Ort auf, an dem du dich häufig befindest.

Wir begleiten dich durch diesen Prozess, weil wir uns für dich wünschen, dass du genauso erfolgreich wirst wie wir. Schreibe zur Kontrolle zunächst auf, welche Bilder du für deine drei Wünsche auf der Schatzkarte verwendet hast:

Bilder für Wunsch Eins:

____

____

Bilder für Wunsch Zwei:

____

____

Bilder für Wunsch Drei:

Wenn du deine Wünsche formuliert und konkretisiert hast, bist du schon einen Schritt weiter als die meisten Menschen, die nach dieser kleinen Wunschträumerei mit den Schultern gezuckt und sich wieder in ihren Alltagstrott begeben hätten.

Am Ende überwiegt bei vielen die Einsicht, dass es vernünftiger ist, die vermeintliche Vernunft walten zu lassen und die Träume vom Tisch zu wischen. Wenn man es genau betrachtet, ist allerdings genau das unvernünftig, denn damit wischt man auch die Möglichkeit vom Tisch, sich auf die Dinge zu konzentrieren, die guttun, die Spaß machen, die Veränderung, Verbesserung, ja Erfüllung bringen und dem Leben Sinn geben.

Wenn du weißt, wie der Schatz aussieht, den du finden möchtest, dann bist du gut gerüstet für den Einstieg ins beziehungsweise den Aufstieg im Network-Marketing. Wenn du hier raketenmäßig durchstarten möchtest, brauchst du eine ganze Menge Energie. Wenn du weißt, wofür du diese Energie benötigst, dann kannst du sie in einem bestimmten Zeitraum auch zur Verfügung stellen.

Ich bringe nun die Kinder ins Bett und probiere bei dieser Gelegenheit gleich einmal aus, wie unsere eigene Fassung von Hänsel und Gretel bei ihnen ankommt. Du findest sie im nächsten Kapitel.

Network-Marketing-Märchen: Hänsel und Gretel

(Wir interpretieren Grimms Werke neu)

Am Rande eines großen Waldes wohnte ein armer Holzfäller mit seiner Frau und seinen beiden Kindern mit Namen Hänsel und Gretel. Das Geld, das der Vater verdiente, reichte kaum, um seine Familie zu ernähren. Die Not war groß, und der Vater wälzte sich des Nachts im Bett hin und her. Seine Frau, die Stiefmutter der Kinder, sprach zu ihm: "Höre Mann, morgen früh nimmst du die beiden Kinder, gibst ihnen etwas Brot und führst sie hinaus in den Wald - dorthin, wo er am dichtesten ist. Entzünde ihnen ein Feuer und lasse sie dann allein zurück.

Wir können sie nicht länger ernähren." Fassungslos erwiderte der Mann: "Nein, Frau, ich bringe es nicht übers Herz, meine lieben Kinder den wilden Tieren auszuliefern." Daraufhin sagte die Frau: "Wenn du das nicht tust, müssen wir alle verhungern." Sie ließ ihm keine Ruhe, und so willigte er schließlich ein.
Die beiden Kinder, vom Hunger geplagt, konnten keinen Schlaf finden. Sie hatten alles mit angehört, was besprochen wurde. Gretel fing bitterlich an zu weinen. Sie glaubte, dass es nun um sie geschehen sei. Hänsel aber beruhigte seine Schwester: "Sorge dich nicht, Gretel, ich werde uns schon retten." Er stand auf, zog sich sein Mäntelchen über und schlich aus dem Haus. Im Mondenschein glänzten weiße Kieselsteine. Hänsel sammelte sie ein und steckte sie in seine Taschen. Dann ging er zurück ins Haus: "Tröste dich, Gretel", sprach er zu seiner Schwester, "schlaf ruhig, es wird alles gut." Dann legte sich auch Hänsel wieder ins Bett und schlief ein.

Morgens in der Frühe, noch ehe die Sonne aufgegangen war, weckte die Stiefmutter die beiden Kinder: "Steht auf, wir wollen in den Wald gehen. Nehmt ein Stück vom Brot, aber teilt es euch gut ein." Gretel nahm das Brot unter die Schürze, weil Hänsel die Steine in seinen Taschen hatte, und so machte die Familie sich auf den Weg in den Wald. Als sie ein Weilchen gegangen waren, hielt Hänsel an und schaute zurück zum Haus. Wieder und immer wieder. Der Vater sprach: "Hänsel, mein Sohn, was schaust du zurück und hältst dich auf? Trödele nicht herum." "Ach, Vater, ich seh nach meinem weißen Kätzchen, das oben auf dem Dach sitzt und mir Ade sagen will." Die Mutter sprach: "Sei kein Narr, Hänsel, das ist kein Kätzchen, sondern die Morgensonne, die auf den Schornstein scheint." Das wusste Hänsel auch. Und natürlich hatte er auch gar nicht nach dem Kätzchen gesehen, sondern nach und nach einen der blanken Kieselsteine aus seiner Tasche auf den Weg geworfen.

Und wie sie nun mitten in den Wald gekommen waren, sprach der Vater: "Nun sammelt Holz, ihr Kinder, ich will ein Feuer anmachen, damit wir nicht frieren." Hänsel und Gretel trugen bergeweise Äste und Zweige zusammen. Sie steckten das Holz an, und als die Flammen loderten, sprach die Mutter: "Nun legt euch ans Feuer und schlaft. Wir wollen Holz im Wald fällen. Wartet, bis wir wiederkommen und euch abholen." Hänsel und Gretel saßen am Feuer, und als die Mittagszeit gekommen war, aßen sie brav ihr Brot, so wie es ihnen aufgetragen worden war. Sie warteten und warteten bis spät in den Abend hinein. Aber weder Vater noch Mutter kamen zurück, um sie abzuholen. Als es nun finstere Nacht wurde, fing Gretel an zu weinen. Hänsel aber sprach: "Warte nur ein Weilchen, bis der Mond aufgegangen ist." Und als der Mond aufgegangen war, nahm er Gretel bei der Hand und folgte mit ihr den Kieselsteinen, die im Mondenschein schimmerten und ihnen den Weg zeigten. Da gingen sie die ganze Nacht durch. Und als es Morgen wurde, kamen sie zu Hause an. Der Vater freute sich von Herzen, als er seine Kinder sah, und nahm sie in die Arme. Die Mutter verstellte sich und zeigte Freude, obwohl sie sich insgeheim ärgerte.

Es dauerte nicht lange bis zur nächsten großen Not. Diese Not war noch viel schlimmer als die erste. Wieder kehrte der Hunger zurück, und die Kinder hörten abends, wie die Mutter erneut zum Vater sprach: “Einmal haben die Kinder den Weg zurückgefunden, und ich habe nichts gesagt. Aber jetzt ist wieder nicht viel mehr für uns da als ein halber Laib Brot. Du musst also die Kinder morgen noch tiefer in den Wald führen, damit sie nicht wieder herausfinden. Sonst besteht für uns alle keine Hoffnung mehr.” Dem Mann brach fast das Herz, doch er willigte ein. Hänsel und Gretel hörten das Gespräch der Eltern wieder mit an. Hänsel stand auf und wollte erneut Kieselsteine sammeln, doch die Mutter hatte die Tür abgeschlossen. Er tröstete Gretel und sprach: “Schlaf nur, liebe Gretel. Der liebe Gott wird uns schon helfen.”

Morgens in aller Frühe erhielten die Kinder wiederum ein Stück Brot, das allerdings viel kleiner war als das zuvor. Auf dem Weg zerbröselte Hänsel das Brot in der Tasche und warf die Bröcklein zu Boden. “Was bleibst du immer stehen, Hänsel, und guckst dich um?”, fragte der Vater, “lauf zügig voran.” Hänsel erwiderte: “Ach, ich seh nach meinem Täubchen, Vater. Das sitzt oben auf dem Dach und will mir Ade sagen.” Die Mutter rief Hänsel entgegen: “Du Narr, das ist kein Täubchen, sondern die Morgensonne, die auf den Schornstein scheint.” Hänsel aber warf weiter das Brot auf den Weg. Der Vater führte die Mutter und die Kinder tief und tiefer in den Wald hinein, bis sie an einer Stelle ankamen, an der sie noch nie zuvor gewesen waren. Wieder wurde ein Feuer entzündet, wieder sollten die Kinder schlafen, und wieder versprachen die Eltern, sie abends abzuholen. Mittags teilte Gretel ihr Brot mit Hänsel. Die beiden warteten und warteten, aber niemand kam und holte sie ab. Wieder tröstete Hänsel sein Schwesterchen mit den Worten: "Warte, bis der Mond aufgegangen ist, dann zeigen uns die Brotbröcklein, die ich ausgestreut habe, den Weg nach Hause."

Doch als der Mond dann schien, konnte Hänsel keinen einzigen Krümel entdecken. Die Vögel des Waldes hatten sie aufgepickt. Hänsel bemühte sich, den Weg nach Haus zu finden, doch die beiden Kinder hatten sich bald vollkommen verirrt. Tag und Nacht liefen sie, bis sie so müde waren, dass sie schließlich erschöpft unter einem Baum einschliefen. Als sie einen weiteren Tag und eine weitere Nacht gelaufen waren und nichts gegessen hatten bis auf ein paar Beeren und Wurzeln, gelangten sie zu einem Häuschen aus Brot und Kuchen. Die Fenster waren aus hellem Zuckerguss. "Da wollen wir uns satt dran essen", sprach Hänsel. "Ich nehme vom Dach, und du kannst vom Fenster essen, Gretel." Als die beiden es sich gerade so richtig gutgehen ließen, hörten sie eine feine Stimme aus dem Haus:

"Knusper, knusper, knäuschen.
Wer knabbert an meinem Häuschen?"

Hänsel, der sich den Kuchen schmecken ließ, rief mit vollem Mund: "Der Wind, der Wind, das himmlische Kind!" und hätte sich fast verschluckt, als sich plötzlich die Türe öffnete und eine grauhaarige, attraktive Frau mittleren Alters hinausschwebte. Hänsel und Gretel erschraken so sehr, dass sie fallen ließen, was sie gerade in den Händen hielten. Aber das hätten sie sich sparen können, wie sich herausstellte, denn die trotz ihres Alters immer noch jugendlich wirkende Dame im sportlichen Dress meinte es gut mit ihnen. Sie sagte: "Ihr lieben Kinder, wisst ihr nicht, dass zu viel Zucker ungesund ist? Kommt nur herein, ich will euch zeigen, was gut für eure Gesundheit ist." Die Dame nahm die Kinder bei der Hand und führte sie in ihr Häuschen. Dort servierte sie ihnen ein vitaminreiches und gutes Essen: frisches Gemüse, kristallklares Wasser, Äpfel und Nüsse. Dann bezog sie ihnen zwei Himmelbetten. Hänsel und Gretel legten sich hinein, meinten, sie seien im Paradies, und schliefen sofort ein.

Die freundliche Dame war übrigens durchaus früher nicht besonders nett gewesen. Eines Tages hatte sie allerdings begriffen, dass sie ein besserer Mensch werden müsse, wenn sie ein glückliches und erfülltes Leben führen wolle, und so gab sie ihre schlechten Gewohnheiten leichten Herzens auf. Nur das Brothäuschen war als Relikt aus alten Zeiten stehen geblieben. Und weil die Dame ein so guter Mensch geworden war, freute sie sich, dass Hänsel und Gretel ausgerechnet den Weg zu ihrem Haus gefunden hatten, denn sie war eine tüchtige Geschäftsfrau, die neue Kontakte knüpfen wollte und die Absicht hatte, ihr Netzwerk zu erweitern und ihre Reputation zu verbessern.

Noch ehe die Kinder erwacht waren, stand die freundliche Frau an ihren Bettchen, freute sich an ihrem Anblick und deckte den Tisch reichlich mit gesunden Sachen. Hänsel und Gretel stärkten sich und bewunderten dann die Reichtümer des Hauses. Sie konnten sich kaum sattsehen an all den Edelsteinen und Perlen, die sie sahen, und konnten ihr Glück nicht fassen, dass sie im tiefen Wald, als sie sich schon längst verloren glaubten, ihre Retterin gefunden hatten. Gretel half der Dame aus lauter Dankbarkeit im Haushalt. Hänsel flickte das Dach und kümmerte sich um den Garten. Er half seiner Retterin bei der Zucht und Aufzucht seltener Früchte und exotischer Obst- und Gemüsepflanzen. Die verschickte die freundliche Dame mithilfe ihres großen Netzwerks im ganzen Land. Dadurch hatte sie sich ein sicheres Standbein aufgebaut, das sie frei und finanziell unabhängig machte.

Nachdem Monate und Jahre ins Land gezogen waren, bekamen die Kinder Heimweh. Sie erzählten der grauhaarigen Dame von der Armut des Vaters und von den tückischen Plänen der bösen Stiefmutter. Der Frau wurde es schwer ums Herz, und sie beschloss, Hänsel und Gretel nach Hause zu begleiten. Sie hatte die beiden so lieb gewonnen, als wären es ihre eigenen Kinder.

So packten die drei Perlen und Edelsteine ein und machten sich auf den Weg aus dem Wald. Zwei Tage und zwei Nächte folgten sie der Sonne und den Sternen und erreichten schließlich das Haus des Vaters. Als er seine Kinder sah, erstarrte er und begann zu weinen vor Freude. Die Stiefmutter aber hatte längst Reißaus genommen, weil sie die Armut nicht ertragen konnte. Der Vater und die freundliche Dame verliebten sich auf Anhieb ineinander. Sie heirateten und lebten fortan glücklich und zufrieden. Und wenn sie nicht gestorben sind, dann leben sie noch heute.

Fazit: Jahrhunderte altes Kulturgut umzudeuten und Märchen in Teilen neu zu schreiben, ist rebellisch, wenn man nicht gerade Literatur-Nobelpreisträger ist. Wieso machen wir das? Kindern erzählt man Geschichten, damit sie gut einschlafen können. Erwachsenen erzählt man Geschichten, damit sie wieder aufwachen, denn es ist nie zu spät, Dinge zu ändern, wenn sie einem nicht (mehr) gefallen. Es ist tatsächlich nie zu spät, vermeintlich in Stein gemeißelte Dinge zu verändern.

II. Aufwachen

Wir

Scheiter' und weiter: Über Niederlagen und die Kraft, immer wieder aufzustehen

(Von Dennis Gombkötö)

Aus der Traum vom Tennisprofi. Mit 21 Jahren der zweite Bandscheibenvorfall. Ich hatte immer von Wimbledon geträumt und davon, ein ganz Großer zu werden. Jahrelang hartes Training auf dem Platz. Turnier auf Turnier. Aber auch die unendlichen Stunden vor dem Fernseher, um kein einziges Profi-Match zu verpassen und von den Besten zu lernen - alles vergeblich. Träume können auch platzen.

Ich wuchs als Kind einer typisch schwäbischen Familie auf. Mein Vater hätte mich viel lieber auf dem Fußballplatz als auf dem Tenniscourt gesehen. Doch schon als Achtjähriger liebte ich Tennis und eiferte dem deutschen Wimbledon-Ausnahmetalent nach. Alles drehte sich nur noch um Ball und Schläger: Vorhand, Rückhand, Trainingslager, Ranglisten und Turniere. Das waren die Themen, die mein Leben in den nächsten dreizehn Jahren bestimmen sollten.

Übrigens kam ich schon in dieser Zeit mit den großartigen Produkten unserer Company in Berührung (ohne zu ahnen, wie positiv sie sich später finanziell auf mein Leben auswirken würden). Mein Coach hatte nicht nur die Verbesserung meiner Spieltechnik im Blick, sondern auch meine Vitalität, Leistungsfähigkeit und Regeneration. Diesbezüglich war in seinen Augen bei mir noch "erheblich Luft nach oben". Also empfahl er mir, meine Ernährung mit Obst und Gemüse in Kapselform zu ergänzen. Hörte sich für mich plausibel an. Für meine

Eltern auch. Und weil Trainer wissen, was gut für ihre Schützlinge ist, nahm ich die Produkte brav ein. Damals gab mir meine Mutter das Geld für die Produkte, und mein Coach verkaufte sie an mich und andere Spieler - aus seinem Kofferraum heraus. Direkt neben dem Tennisplatz. Wenn ich an diese Zeiten zurückdenke, muss ich heute noch schmunzeln. Dieses Bild wäre wahrscheinlich die erste Szene, wenn ich meine Network-Karriere jemals verfilmen lassen würde.

Nach meiner körperlichen Niederlage und dem Befund meines Arztes, niemals mehr Tennis-Profi werden zu können, fiel ich emotional in ein tiefes Loch. Noch mit siebzehn Jahren spielte ich in der zweiten Bundesliga. Hier räumte ich immer wieder attraktive Wochenendpreisgelder bei diversen Turnieren ab. Alle Zeichen standen auf Profikarriere. Du kannst dir sicher vorstellen, wie bitter es ist, wenn dein Körper durch Krankheit beziehungsweise Verletzung ausfällt und damit das wichtigste Kapital plötzlich nicht mehr verfügbar ist.

Es klingt vielleicht banal, doch man merkt erst, was Gesundheit bedeutet, wenn man durch Krankheit sprichwörtlich in die Knie gezwungen wird. Leider gehört es in unseren Breitengraden nicht zur Sozialisation, darauf trainiert zu werden, sich auf (solche) Schicksalsschläge vorzubereiten. Und wenn es hart auf hart kommt, dann haben Betroffene schwer damit zu kämpfen, mit ihrer Situation zurechtzukommen. Hier fällt mir die Wendung ein: Der gesunde Mensch hat tausend Wünsche, der Kranke hat nur einen.

Nach dem ersten Bandscheibenvorfall hatte es schon ewig gedauert, bis ich mein altes Fitnesslevel wieder erreicht hatte. Und mit meiner zweiten Verletzung kam ich an einer Reha-Behandlung nicht vorbei. Glück im Unglück: Eine Operation blieb mir erspart.

Plötzlich war ich von 60-Jährigen umgeben, die sich allesamt mit ihren Knie- und Hüftbeschwerden und auf Endoprothesen durchs Leben quälten. Das gab meinem Optimismus fürs Erste den letzten Stoß. Dass ich mich plötzlich nicht mehr über meine körperlichen Leistungen definieren konnte, war für mich noch viel schmerzhafter als die Verletzung selbst. Es dauerte eine ganze Weile, bis ich diese große Hürde überwunden hatte und bereit war für Neues.

Weil ich meine gefühlvolle rechte Hand nicht verkümmern lassen wollte, beschloss ich dann irgendwann, Zahnarzt zu werden. Das Zahnmedizinstudium war zunächst eine gute zweite Wahl. Bald schon arbeitete ich in einer Praxis und verdiente gutes Geld. Doch der Preis, den ich dafür bezahlen musste, war von Anfang an hoch.

Kennst du dieses Gefühl sonntags ab 16 Uhr, wenn, dein Körper dir signalisiert, dass irgendetwas nicht stimmt? Jeden Sonntag ab 16 Uhr trat bei mir jedenfalls eine Wochenend-Endzeitstimmung ein. Wer kennt es nicht? Dieses komische Grummeln in der Magengegend, weil morgen schon wieder Montag ist. Dieses und ähnliche Gefühle machen den Unterschied zwischen Berufung und Beschäftigung. Akut schlecht fühlte ich mich immer ab 20 Uhr, weil ich bedauerte, dass die freie Zeit zu kurz war und ich mich nicht ausreichend erholen konnte. Kein Wunder. Ich arbeitete sechs Tage in der Woche.

Vermutlich wäre es die nächsten Jahrzehnte so weitergegangen, wenn mein ehemaliger Tenniscoach nicht erneut in mein Leben getreten wäre. Diesmal hatte er statt Schläger und Ball eine Geschäftsidee im Gepäck. Er lud mich zu sich ein, um sie mir vorzustellen. Und weil ich ja über viele Jahre eine außerordentlich gute Beziehung zu ihm gehabt hatte und uns ein großes Vertrauen verband, wollte ich nun natürlich erfahren, was sich hinter seiner Idee verbirgt. Also besuchten

Claudia und ich ihn zu Hause in seinem Büro, das so klein war, dass Claudia auf meinem Schoß sitzen musste.

Dort offerierte er uns die Idee, ein lukratives Geschäft aufzubauen, basierend auf der von ihm empfohlenen Gesundheitsprodukte, die ich inzwischen schon seit über zehn Jahren mit gutem Gefühl und tollen Resultaten zu mir nahm. Obwohl ich den Tenniscourt lange hinter mir gelassen hatte, gab es für mich keinen Grund auf die Produkte zu verzichten, da sie mir guttaten und ich mich wohl und fit mit ihnen fühlte. Und nun sollten meine guten Erfahrungen mit den Produkten die Grundlage für ein professionelles Businesskonzept werden, mit dem sich "gutes Geld verdienen lässt". Zugegeben, was mir mein Coach da in Aussicht stellte, klang etwas abwegig. Nicht nur für mich. Auf dem Weg nach Hause eröffnete mir Claudia, dass dieses "Network-Marketing" nichts für sie sei, weil sie nicht daran interessiert sei, etwas zu verkaufen. Und wenn sie etwas nicht mag, dann bleibt es für gewöhnlich auch dabei.

Da ich meinem Coach schon immer vertraut habe, war ich offen. Ich habe jahrelang gesehen, dass er einen coolen Lifestyle lebte. Was hatte ich denn zu verlieren? Sicherlich, wenn mein Coach mich zu einem frühen Zeitpunkt auf die Geschäftsidee angesprochen hätte, hätte ich sehr wahrscheinlich abgelehnt. Als Leistungssportler stand Tennis für mich an erster Stelle. Die Produkte waren definitiv richtig, aber für das Thema Network-Marketing hätte ein früherer Zeitpunkt garantiert nicht gestimmt, da ich Siege im Kopf hatte und kein Business.

Am Rande bemerkt: Meine persönliche Geschichte zeigt mir und auch dir, dass Erfolg im Network-Marketing auf hochwertigen Produkte mit hohem Kundennutzen basiert. So kann aus einem begeisterten Kunden irgendwann, wenn der passende Zeitpunkt kommt, auch ein

Geschäftspartner werden. Wie gesagt, der Zeitpunkt muss passen, und die Person muss ein wenig auf der Suche sein, dann kannst du jeden gewinnen. Denn wie heißt es so schön: Du kannst dem Richtigen nichts Falsches sagen und dem Falschen nichts Richtiges.

Ich jedenfalls hatte nach einiger Zeit im zahnärztlichen Praxis-Alltag die nötige Offenheit und Bereitschaft entwickelt, mich mit dem Network-Marketing zu befassen, und arbeitete mich kontinuierlich in das Geschäftsmodell ein. Mir gefiel die Aussicht auf freie Zeiteinteilung, und insgeheim hoffte ich darauf, dass auch ich irgendwann flexibler und ortsungebundener arbeiten könnte.

Denn das Potenzial im Network-Marketing blieb mir nicht lange verborgen. Ich habe schnell bemerkt, dass es möglich sein kann, sieben Tage in der Woche “Samstag” zu haben – und damit viel mehr als 28 Tage Urlaub im Jahr. Wenn das Freitags- oder Samstagsgefühl zum Alltag werden würde – wow, das wäre doch was. Und genau das war mein Antrieb. Mein Wunsch. Mein Traum.

Selbstverständlich gab ich meinen Job als Zahnarzt nicht sofort auf. Trotzdem war meine Motivation fürs Network-Marketing seit meinem Einstieg enorm hoch. Ich war mit vollem Herzen dabei und gab einhundert Prozent für das neue Geschäftsfeld. Parallel zu meinen Aktivitäten versuchte ich Claudia zur Zusammenarbeit zu bewegen, da ich mir nichts Besseres vorstellen konnte, als sie mit im Team zu haben. Doch sie weigerte sich standhaft.

Nach einem Jahr erhielten wir dann die Einladung, in Berlin an einer Convention teilzunehmen. Wir lehnten ab, weil uns die Wichtigkeit von Großevents einfach nicht bewusst war. Unsere Ausrede war so einfach, wie plausibel: „Wir haben kein Geld.”

Mein Tenniscoach und Förderer erklärte mir, dass fehlende finanzielle Mittel kein Grund dafür sein dürften, einen Kongress zu verpassen, der Millionen Euro wert ist. Er bot an, die Kosten für die Reise vorzuschießen. Das überraschte mich und Claudia gleichermaßen. Und damit hatten wir keine Ausrede mehr. Heute wissen wir:

Du kannst Ausreden haben oder Geld verdienen. Beides zusammen geht nicht.

Wir nahmen das Angebot also an, und mit dem Trip nach Berlin und einer grandiosen Convention hat es bei uns im wahrsten Sinne des Wortes “Klick” gemacht.

Zu dieser Zeit waren wir Lichtjahre entfernt von dem außergewöhnlichen Leben, das wir heute führen. Doch wir legten mit Claudias emotionalem Einstieg nun den Grundstein für unseren künftigen Lebensweg. Und was hier passierte, ist mit Worten kaum zu beschreiben. Wie waren so begeistert von der Idee, quasi jedem Menschen in unserem persönlichen Umfeld weiterhelfen zu können, dass wir von nun an jede freie Sekunde in den Aufbau unseres neuen Standbeins investierten.

Den Benefit im Hinterkopf, einerseits Vitalität, Gesundheit und körperliches Wohlbefinden zu streuen und zum anderen Menschen in die finanzielle Freiheit führen zu können und an deren Erfolgen beteiligt zu sein, waren wir bis in die Haarspitzen motiviert, alles zu geben. Es bestand für uns überhaupt kein Zweifel daran, dass mindestens eine dieser Optionen für jeden Menschen interessant sein musste.

Wir sind “all in“ gegangen, wie man so schön sagt und haben alles in unserer Macht Stehende getan, um Kunden und Partner für unseren

Weg zu gewinnen. Obwohl wir in unseren ursprünglichen Berufen ausgezeichnete Chancen am Arbeitsmarkt gehabt hatten, rückten diese klassischen Arbeitsmodelle für uns nach und nach in weite Ferne, da sie für uns eben nur OK, aber nicht hundertprozentig perfekt waren. Wir sahen im Aufbau unserer Geschäftstätigkeiten nicht nur einen Plan B, so wird Network-Marketing häufig beschrieben, sondern konzentrierten uns von Anfang an auf unseren auch heute noch gültigen Plan A. "Herumprobieren" war für uns keine Option.

Apropos Plan A, wir vertreten auch heute noch die Überzeugung, dass die Geschäftsform "Network-Marketing" zukünftig in vollem Umfang in nahezu jedem Haushalt Einzug halten wird. Die sich verändernden Arbeits- und Lebensbedingungen verlangen nach flexiblen Konzepten. Man rechnet damit, dass in zwanzig Jahren jeder zweite Beruf in seiner heutigen Form nicht mehr existent sein wird.

Wir können uns sogar vorstellen, dass unsere Kinder und deren Kinder irgendwann in der Schule gefragt werden, in welchem Network-Marketing-Unternehmen ihre Eltern tätig sind. Dann lautet die Frage also nicht mehr, OB, sondern nur noch IN welcher Company und mit welchen Mentoren.

Am Rande bemerkt: Dass sich der Wachstumstrend seit Jahren ungebremst fortsetzt, beweisen die Zahlen: Laut Statistik werden aktuell durch Network-Marketing-Unternehmen jeden Tag Provisionserlöse von etwa 200 Millionen US-Dollar an Vertriebspartner ausgeschüttet. Tendenz steigend.

Das Network-Marketing-Fieber hatte uns plötzlich so richtig im Griff: Alles was wir zu jener Zeit an Literatur zum Thema finden konnten, haben wir sprichwörtlich verschlungen. Ich erinnere mich an die

Worte, die mir bis heute ganz besonders in Erinnerung geblieben sind. Bob Procter, ein amerikanischer Erfolgscoach, stellte auf einer seiner CDs eine entscheidende Frage:

„Was würden Sie tun, wenn Ihr Jahreseinkommen Ihr Monatseinkommen wäre?“

Diese Frage klang im ersten Moment utopisch und verlockend zugleich. Später haben wir nie wieder daran gezweifelt, dass es möglich sein kann, Monat für Monat Bezüge in der Höhe eines Jahresgehalts zu verdienen. Und das, obwohl wir selbst viele Hürden nehmen mussten. Wenn etwas nicht klappte, dann sagten wir nie: "Das schaffen wir nicht", sondern fragten uns immer nur: "Wie schaffen wir das?"

Und dann war es soweit. Nach einer ordentlichen Vorbereitungszeit planten wir unsere "Geschäftseröffnungsfeier". So wie Selbstständige und Unternehmer ihren Handwerksbetrieb oder ihren Geschäftsbetrieb eröffnen, luden auch wir ein: Freunde, Bekannte, Verwandte, potenzielle Kunden, Geschäftspartner und zukünftige Kooperationspartner. Alle sollten sich bei dieser Festlichkeit mit uns freuen und von unserem Business erfahren. Wir gaben uns viel Mühe und bereiteten ein richtiges Event mit allem Drum und Dran vor.

Wir hatten mit viel Begeisterung eingeladen und promotet und waren wirklich aufgeregt. Und dann? Dann kam kaum jemand. Unsere Eröffnung sollte zur Feuertaufe werden. Leider oder auch glücklicherweise erlebten wir, was viele in unserer Branche gerade am Anfang durchmachen müssen. Die Erwartung, dass unser Festsaal aus allen Nähten platzen würde, blieb aus. Doch es kam noch schlimmer. Mein Vater konnte nicht verstehen, wieso ich meine Karriere als Zahnarzt aufgeben wollte. Dieses mysteriöse Network-Marketing passte nicht in sein Weltbild. Wahrscheinlich setzte bei ihm eine Art Schutzinstinkt ein, als er mir vorwarf, meine Karriere als Zahnarzt durch eine solche "Schnapsidee" aufs Spiel setzen zu wollen. Er war nicht der Einzige, der sich auf unserem Event skeptisch und misstrauisch äußerte und mit erhobenem Zeigefinger sagte: „Wenn das stimmt, dann würde es doch jeder machen." Andere mahnten: "Passt auf, worauf ihr euch einlasst" und: "Bleibt besser bei Schusters Leisten."

Was uns am Anfang deprimierte, nämlich das Unverständnis und die Kritik einiger sehr nahestehender Menschen, sehe ich heute als unheimlich wichtige Komponente unseres persönlichen Wachstums an:

Du kannst das Gute nicht schätzen, wenn du vorher das Negative nicht erfahren hast.

Oder anders gesagt, wenn sich dein Lebenspendel im Stillstand befindet, musst du bereit sein, Energie und Kraft aufzubringen und Widerstände in Kauf zu nehmen, um den Ausschlag in die positive Richtung zu bewirken. Wir haben hier das Gesetz der Polarität am eigenen Leibe erfahren.

Wir ernteten aber auch Zuspruch und konnten tatsächlich einige Leute für Produkt und Geschäft begeistern. Durch unsere Eröffnungsfeier wurde unser Business verbindlich für uns und wir verpflichteten uns, den Weg weiterzugehen. Denn nun wussten alle Bescheid und es gab für uns kein Zurück mehr. Mit einigen Jahren Abstand wissen wir nun, dass sich nahezu jeder Neustarter im Network-Marketing der Kritik stellen und lernen muss, mit negativen Kommentaren und Abwehrhaltungen umzugehen. Mal spielen Neid und Missgunst eine Rolle, aber auch die Angst einiger Weggefährten, die befürchten, man könne selbst irgendwann ein besseres Leben führen als sie selbst. Und manchmal stecken hinter mitleidigen Bemerkungen auch gut gemeinte Absichten – nämlich Neustarter vor Fehlern und vorm Scheitern bewahren zu wollen. Aber nicht von ungefähr gibt es den Satz: "Die anderen haben immer so lange recht, bis du ihnen das Gegenteil beweist."

Nach der Geschäftseröffnung folgten dann Wochen und Monate kontinuierlicher Aufbauarbeit. Wir fertigten unendlich lange Kontakt- und Namenslisten an, um uns einen Überblick über unser Startpotenzial zu verschaffen und wir vernetzten uns mit allen erfolgreichen Partnern unserer Company, um von ihrem Wissen zu partizipieren. Wir scheuten nicht davor zurück, Geld zu investieren, um mit den erfolgreichen Playern unserer Company Zeit zu verbringen. Denn:

"Who you spend time with is who you become."

Klingt vielleicht nach solider Verwirklichung unserer Pläne, aber tatsächlich erlebten wir eine reine Achterbahnfahrt der Gefühle. Es dauerte eine ganze Weile, bis wir die Funktionsweise des Network-Marketings vollständig inhaliert hatten. In dieser Phase arbeiteten wir weiter permanent gegen die Widerstände der Zweifler und Skeptiker an und versuchten, unberechtigte Kritik zu entkräften. Das war gar nicht so einfach, denn uns fehlten ja selbst zum Teil das Wissen und die richtigen Argumente. Aber wir fühlten, dass Network-Marketing für uns der richtige Weg war. Und obwohl wir allmählich eins mit unserer Company wurden, mussten wir irgendwann erkennen, dass es keinen Sinn macht, noch länger Pessimisten "bekehren" zu wollen, wenn sie nicht von selbst ihre verhärteten Meinungen aufgaben. Wir waren anfangs selbst skeptisch genug – wie gesagt, Claudia war mehr als ein Jahr lang nicht überzeugt –, aber am Ende dann doch offen genug, um die Idee dahinter verstehen zu wollen und zu können.

Nach und nach stellten wir fest, dass es im Network-Marketing nicht darum gehen kann, alle Menschen mit viel Aufwand von unseren Produkte überzeugen zu wollen, sondern die richtigen Menschen zu finden, nämlich die, die unsere Produkte ohne große Überzeugungsarbeit gut finden und - was noch viel wichtiger war - unsere Werte teilen.

Zeitlich waren wir anfangs doppelt belastet. Wir mussten den Spagat zwischen zwei Welten schaffen mit dem Hintergrund einerseits unsere beruflichen Verpflichtungen fortzusetzen und andererseits unser Geschäft mit vollem Einsatz aufzubauen. Gute Organisation war alles. Tagsüber waren wir Zahnarzt und Betriebswirtin und abends - und vor allen Dingen an den Wochenenden - Botschafter der gesunden Lebensführung und finanziellen Freiheit. Die Aufbauzeit war eine Mischung aus "Walk and talk" und "Smile and dial" und das Ganze dann wieder von vorn.

Natürlich kostete das viel Kraft. Aber es machte auch riesig Spaß, die ersten Erfolge unserer Arbeit ernten zu können. Das motivierte uns, darüber nachzudenken, wie wir unser Geschäft noch schneller wachsen lassen könnten. Wir suchten nach einem Weg, wie wir bei der Verbreitung unserer Angebote einen größeren Hebeleffekt erzielen konnten, um mehr Menschen zu erreichen. Bis dahin hatten wir ja nur Einzelgespräche geführt und gelegentlich kleinere Home-Events veranstaltet. Kein Wunder, dass sich die Anzahl von Interessenten in Grenzen hielt.

Eines Tages fiel bei einem kreativen Brainstorming mit Partnern unserer Company dann der sprichwörtliche Groschen. Wir kamen auf die Idee, Aktivtage zu veranstalten, also größere Events. Gesagt, getan. Wir mieteten einen Seminarraum für 150 Teilnehmer in einer regional bekannten und beliebten Location an. Den wollten wir natürlich auch bis auf den letzten Platz füllen. Mit der Manpower von 30 Teampartnern, so dachten wir, sollte das doch wohl ein Kinderspiel sein. Leider falsch gedacht. Ein wahrer Kraftakt stand uns bevor. Bei uns trudelten fortlaufend mehr Absagen als Zusagen ein. Einer der schärfsten Kritiker während dieser Zeit blieb weiterhin mein Vater, der immer noch nicht realisieren wollte, wieso ich meine Karriere als Zahnarzt - ein Jackpot in seinen Augen - einfach aufgab.

Wir wollten unsere Partner motivieren. Deshalb planten wir unsere “Aktivtage” mit einem befreundeten Sideline-Paar. Wir mieteten exklusiv eine Burg an und dann hatten wir plötzlich damit zu kämpfen, unsere Partner für unser Event zu begeistern. Und das, obwohl wir unermüdlich für unsere “Aktivtage” warben, zu denen wir Top-Speaker eingeladen und weder Kosten noch Mühen gescheut hatten. Schließlich wollten wir unseren Partnern das “Big Picture” zeigen, aber die Leute, die wir einluden, hatten ausgerechnet an diesem Tage keine Zeit oder redeten sich um Kopf und Kragen, um unserer Veranstaltung fernbleiben zu können. Dieses Phänomen kannten wir noch von uns selbst.

Fakt ist, dass wir zu dieser Zeit noch keinen Namen hatten. Wir waren weder bekannt noch überragend erfolgreich. Wir hatten dieselben Herausforderungen, wie alle Neustarter im Network. Aller Anfang ist schwer. Weil wir uns mit dieser Erkenntnis aber nicht zufriedengeben konnten, setzten wir dann wirklich alles auf eine Karte.

Denn außergewöhnliche Ergebnisse erfordern außergewöhnliche Entscheidungen und Maßnahmen.

Wir wählten uns die Finger wund und motivierten alle unsere Partner, auch ihre Partner wiederum einzuladen. Wir haben nichts, aber auch wirklich nichts ausgelassen, um diesen Saal zu füllen. Wir haben gearbeitet und geschwitzt, geschwitzt und gearbeitet und nicht aufgehört daran zu glauben, dass wir diesen Saal füllen können. Und am Ende hat sich das auch gelohnt. Wir haben es tatsächlich geschafft und starteten schließlich mit über einhundert Partnern unser erstes größeres Event.

Die Entscheidung, diese erste Veranstaltung durchzuführen, entpuppte sich als goldrichtig. Zusätzlich konnte ich noch einen persönlichen Erfolg verbuchen. Einer unserer Partner aus der Sideline (ein Networker, der weder von unserer Upline noch von unserer Downline finanziell profitiert) war als Gastredner zu uns gekommen und überzeugte mit einem sportlichen Auftritt. Kein Wunder, denn einerseits war er ehemaliger Fußballprofi und andererseits seit sechzehn Jahren im Business und er hatte kommunikative Stürmerqualitäten. Er begeisterte mit seinem Auftritt das Publikum - insbesondere übrigens meinen Vater - und krönte seine Performance, als er meinen Vater vor versammeltem Publikum fragte, ob er uns auf die nächste Convention nach Berlin begleiten würde. Alle Augen waren auf ihn gerichtet und es war mucksmäuschenstill im Saal - was blieb ihm da anderes übrig, als zuzustimmen? Heute ist mein Vater mehr als begeistert - einer unserer größten Fans und dazu glühender Verfechter unserer Produkte.

Unser Event trug erheblich dazu bei, dass unser Geschäft wuchs und gedieh. Personell und persönlich. Wieder einmal hatten wir unsere Komfortzone verlassen. Und wieder einmal hatte es sich gelohnt, gegen alle Widerstände anzukämpfen. Die gemeinsame Veranstaltung schmiedete uns und unsere Partner zu einer stärkeren Einheit zusammen. Wir verließen die Location das erste Mal als echte Leader.

Als Network-Marketing-Einsteiger kannst du nicht alles wissen und schon gar nicht alles können. Wenn du mit Online-, Home- und kleinen Events sowie persönlichen Eins-zu-Eins-Gesprächen dein Limit erreichst und trotzdem weiter wachsen möchtest, dann wird es Zeit, dein erstes großes Event zu organisieren.

Trau dich auf die Bühne, um als Person zu wachsen. Wenn du dauerhaft erfolgreich werden möchtest, musst du Verantwortung übernehmen und dich zum Leader entwickeln. Du musst wachsen: vom Teilnehmer und Zuschauer zum Organisator, der Verantwortung übernimmt.

Im Rückblick auf diese Zeit lässt sich noch sagen, dass es heutzutage glücklicherweise nicht mehr üblich ist, Produkte aus dem Kofferraum zu verkaufen. Das Business ist smarter geworden, vor allem durch die Möglichkeiten des Internets. Es geht heute vornehmlich um charmante Kontaktaufnahmen, um Beziehungspflege und das professionelle Anleiten von Produktnutzern, um auch sie zu gestandenen, wirtschaftlich unabhängigen Network-Marketing-Professionals aufzubauen.

Selbstverständlich können nicht nur Leistungssportler aufsteigen, sondern alle Menschen, die spüren, dass sie für mehr bestimmt sind im Leben als für 08/15. Für diejenigen, die ambitioniert und diszipliniert sind, die Leistung zeigen und dafür angemessen belohnt werden möchten: Hier seid ihr richtig.

Nicht nur zwischen den Zeilen kann ich euch versichern, dass ihr zu eigener Unabhängigkeit finden könnt, wenn ihr den Weg weitergeht. Auf den nächsten Seiten und in den nächsten Kapiteln erörtern Claudia und ich, wie es auch dir gelingen kann, deine Energien und Stärken in dein eigenes Business zu lenken, das dir Möglichkeiten eröffnet, von denen du bisher nur geträumt hast.

Reif für die Bühne: Leader werden auf Events geboren

(Von Claudia Gombkötö)

Als wir uns 2006 auf den Weg machten, um 650 km vom baden-württembergischen Mühlacker bis nach Berlin zu fahren, ahnten wir nicht, dass wir nicht mehr als dieselben Menschen zurückkommen würden. Es ist nicht ungewöhnlich, dass Reisen Menschen verändern. Unser Kurztrip zur Berliner Convention krempelte unsere Denkweise allerdings völlig um und stellte unsere Gefühlswelt komplett auf den Kopf.

Bis zu diesem Zeitpunkt war ich von Network-Marketing sowie von Wellness- und Gesundheitsprodukten weit entfernt. Als Kind einer schwäbischen Unternehmerfamilie durfte ich eine völlig unbeschwerte Kindheit mit vielen Urlauben und finanziellen Möglichkeiten erleben. Ich habe also von Kind an vorgelebt bekommen, dass es Sinn macht, sich selbstständig zu machen und sein eigener Chef zu sein, denn nur dann würde ich auch meinen eigenen Kindern einmal diese Möglichkeiten bieten können. Genau diese Denkweise war in meinem Unterbewusstsein verankert. Von Network-Marketing als Möglichkeit der Selbstständigkeit hatte ich vorher noch nie etwas gehört. Daher hatte ich eher die Karriere im Sinn, beruflichen Aufstieg und in absehbarer Zeit eine eigene Selbstständigkeit. Ja, ich wollte mein eigener Boss sein. Und in die Fußstapfen meiner Eltern treten. Als Angestellte zu arbeiten, konnte ich mir zwar vorstellen – jedoch nur als Zwischenschritt, also für einen überschaubaren und begrenzten Zeitraum. Ich absolvierte mein BWL-Studium mit Schwerpunkt Steuer- und Prüfungswesen mit Bravour und sammelte die ersten beruflichen Erfahrungen bei einem Steuerberater. Nach dem Aufbaustudium und der

Abgabe meiner Diplomarbeit stieg ich dann im Tochterunternehmen eines sehr bekannten schwäbischen Automobilkonzerns ein. Schon zu dieser Zeit wusste ich, dass ich hier nicht alt werden würde. In mir wuchs die Sehnsucht, etwas Eigenes auf die Beine zu stellen.

Während ich mich startklar für die Karriere machte, durchlebten meine Eltern geschäftlich eine sehr harte Zeit. Sie mussten nach 30-jähriger klassischer Selbstständigkeit Insolvenz anmelden. Ein schwerer Schock für alle. Was bis zu diesem Zeitpunkt als undenkbar erschien, stand nun schwarz auf weiß auf Papier. Der Verlust der Unabhängigkeit war für meine Eltern niederschmetternd und trieb mich an, einhundertzehn Prozent zu geben, um mein Network-Business noch schneller erfolgreich aufzubauen. Mit dem von mir angestrebten Erfolg könnte es mir gelingen, meinen Eltern zu helfen. Das war mein großes Warum und ich schmiedete einen Plan.

Anfangs hatte ich mich kräftig ins Zeug gelegt und, mir kam jede gute Ausrede gelegen, um nicht mit nach Berlin fahren zu müssen. Ich war ja gerade erst mit meinem Studium fertig geworden und hatte noch finanzielle Verpflichtungen abzuleisten, da wollte ich mir keine zusätzlichen Belastungen ans Bein binden. Und ein paar 100 Euro für die Fahrt und Übernachtungen in Berlin waren für mich alles, nur kein Pappenstiel. Außerdem schien mir Network-Marketing einfach nicht das Richtige zu sein. Als frischgebackene zweifache Betriebswirtin interessierten mich einerseits Zahlen und Fakten, andererseits musste auch das Drumherum stimmen, wenn ich mich denn schon von meinen Karriereplänen verabschieden sollte, um etwas völlig anderes zu machen. Das Konzept, das Dennis' ehemaliger Tenniscoach uns dann präsentierte, schien mir nicht wasserdicht zu sein - schon gar nicht überzeugte mich sein viel zu kleines Büro im Home Office. Wir unterhielten uns über ein angeblich großes Business und, ich musste auf Dennis' Schoß sitzen, weil der Raum zu klein war für drei Stühle. Das passte für mich ganz bestimmt nicht zusammen.

Jetzt aber, nachdem Dennis mich monatelang vergeblich zu überzeugen versucht und sein Förderer uns die Convention ans Herz gelegt hatte und darüber hinaus anbot, die gesamte Summe für die Convention vorzuschießen, was mich übrigens außerordentlich überraschte, willigte ich also ein. Und dann war es endlich soweit. Die Convention in Berlin. Schon mit Betreten des Luxushotels eröffnete sich uns eine völlig neue Welt. Hier gaben sich die Topverdiener unserer Company - und alle, die Rang und Namen hatten - die Ehre. Wir tauchten ein in eine glamouröse und extrem positive Atmosphäre. Freundliche, aufgeschlossene Menschen mit wachem, offenem Blick, kommunikativ und zuvorkommend höflich, wohin das Auge sah. Wir staunten nicht schlecht: Wow, wo sind wir denn hier gelandet?

Auf der Bühne wurden motivierende Keynotes gehalten und erfolgreiche Partner für ihre Leistungen geehrt. Ein Gemeinschaftsgefühl durchzog die Veranstaltung von der ersten bis zur letzten Sekunde wie ein roter Faden. Unsere Motivation erhielt einen raketenmäßigen Schub nach dem anderen. Frauen sprachen von ihren finanziellen Erfolgen, die mich zum Staunen und gleichzeitig zum Nachdenken brachten. Als klassische Angestellte bekam ich selbst im Betrieb ja immer wieder vorgelebt, dass hauptsächlich zählte, was auf dem Papier stand. Mit meinen beiden Abschlüssen war das grundsätzlich für mich in Ordnung. Und doch verdienten meine männlichen Kollegen mit gleicher Qualifikation deutlich mehr als ich. Das lässt sich in der heutigen modernen Welt in meinen Augen nicht mehr rechtfertigen. Doch hier in Berlin bei der Convention und dem präsentierten Geschäftsmodell schien ausschließlich das Leistungsprinzip zu zählen – und nicht Faktoren wie Geschlecht, Herkunft, Alter oder Hautfarbe.

Frauen, die angaben, nicht studiert zu haben, präsentierten sich. Einige von ihnen zählten zu den Bestverdienenden der Firma. Diese Chancengleichheit und die damit verbundenen Perspektiven überzeugten und begeisterten mich ungemein.

Als wir die Rückreise antraten, hatte sich unser Mindset komplett verändert. Fragen über Fragen türmten sich vor uns auf:

1. *Sind wir auf dem richtigen Weg?*
2. *Möchten wir das, was wir tun, ein Leben lang machen?*
3. *Macht uns das, was wir gerade machen, glücklich?*
4. *Hat unsere Arbeit einen hohen Mehrwert für andere Menschen?*
5. *Können wir uns dabei selbst verwirklichen?*
6. *Haben wir die Möglichkeit, im aktuellen Job unsere Stärken auszuleben?*
7. *Kommt unsere Kreativität zum Einsatz?*
8. *Sind wir unsere eigenen Chefs?*
9. *Arbeiten wir für uns, oder generieren wir Reichtum für andere?*
10. *Möchten wir wirklich unser ganzes Leben Zeit gegen Geld tauschen?*
11. *Werden wir unserer Familie ein außergewöhnliches Leben bieten können?*
12. *Sehen wir die Woche als notwendiges Übel zwischen den Wochenenden an?*

Frage 12 bewegte besonders Dennis. Am Sonntag quälte er sich schon in den frühen Abendstunden und hätte den Montag am liebsten komplett aus seinem Kalender verbannt. Er wollte um 20.15 Uhr am liebsten immer das "Opfer" am Tatort sein, um am nächsten Tag nicht zur Arbeit gehen zu müssen. Das konnte es doch nicht sein. Mal ganz im Ernst: Wer sehnt sich schon nach einem monoton getakteten Arbeitsleben mit wenig Abwechslung und, das womöglich für die nächsten dreißig bis vierzig Jahre?
Im Rückblick gab es zuvor nur wenige Momente in unserem Leben, die uns so intensiv im Gedächtnis blieben wie diese Convention in Berlin. Sie hob unsere Welt aus den Angeln und hat unser Leben nachhaltig beeinflusst. Noch Wochen danach sprachen wir über das Erlebnis, das uns nur durch die Hartnäckigkeit unseres Förderers möglich wurde, wofür wir ihm heute ausgesprochen dankbar sind.

Mit den wirtschaftlichen Erfolgen, die sich mit der Zeit aus den Network-Marketing-Aktivitäten ergaben, hatten wir schon bald die Möglichkeit, meinen Eltern in ihrer schwierigen Situation beizustehen. Wir konnten ihnen aktiv dabei helfen, ihre Insolvenz zu überwinden. Mir persönlich öffnete das die Augen und, ich verstand, dass in jeder Krise auch immer eine Chance liegt. Ohne unser Network-Business hätten wir niemals die Möglichkeit gehabt, meinen Eltern finanziell und vor allem auch emotional zur Seite zu stehen und, heute geht es unserer gesamten Familie besser denn je.

Zu diesem Zeitpunkt wurde uns vor Augen geführt, was es bedeutet, ein persönliches "Warum" zu haben. Wenn man sich verändern will - gerade im Network-Marketing - ist es anfangs eminent wichtig zu wissen, wofür oder für wen man diesen Weg geht. Nur wichtige Gründe halfen uns selbst dabei, energiegeladen weiterzumachen. Und gerade wenn das Tagesgeschäft nicht so funktioniert, wie du es dir vorstellst, sind es die positiven Gedanken, die dich auf Flughöhe bringen und dort halten.

Möglicherweise erkennst du Parallelen zu deinem eigenen Leben. Ich schildere die Situation hier bewusst sehr detailliert, weil ich dich ermutigen möchte, ebenfalls dein eigenes Ding zu machen. Wir haben es erlebt. Wir haben eigene Krisen und die meiner Eltern überwunden. Rückblickend betrachtet, können wir aus eigenen Erfahrungen sagen, dass in diesen Momenten immer Veränderung und persönliche Weiterentwicklung möglich ist. Auch für dich. Davon bin ich überzeugt. Wir selbst sind meistens in den Situationen gewachsen, in denen das Leben nicht besonders nett zu uns war. Wir haben die Gegebenheiten dann so gut wie möglich verarbeitet und immer versucht, das Positive in ihnen zu erkennen. Mittlerweile ist es unser Job geworden, immer das Positive zu sehen. Wir helfen dabei, Menschen zum Träumen zu bringen und Events für Träumer auszurichten, denn wer träumt, wird Chancen erkennen und ergreifen.

"Erfolg bedeutet, einmal mehr aufstehen als hinfallen."

In Erinnerung an die magische Wirkung, die die Großveranstaltung in Berlin auf uns hatte, fiel es uns in späteren Zeiten leichter, unser erstes eigenes nennenswertes Event zu planen. Wir haben die Strahlkraft des Events am eigenen Leib gespürt. Und nun möchte ich dir erzählen, warum die Organisation von Veranstaltungen im Network-Marketing so wichtig ist. Durch diesen Sprung ins „kalte Wasser“ entwickelt man sich als Persönlichkeit enorm weiter und zieht dadurch neue Teampartner an.

Auf der einen Seite verkaufen und empfehlen wir Produkte an neue Kunden, an unser bestehendes Netzwerk, an Freunde, Verwandte und Bekannte. Auch das ist dir längst klar. Wie wir selbst bekommen auch unsere Kunden von uns die Chance, die Produkte nicht nur zu konsumieren, sondern sie ebenfalls selbst weiterzuvermarkten. Wie das im Einzelnen funktioniert, wird von Company zu Company unterschiedlich gehandhabt. Doch die Vergütungssysteme ähneln sich prinzipiell. Jeder Partner, den du persönlich gewinnst, der sich dir also anschließt und ebenfalls Produkte vermarktet, wird als deine Frontline beziehungsweise Firstline bezeichnet. Von den Umsätzen, die er generiert, erhältst du einen bestimmten prozentualen Anteil an Provision. Das ist fair und gut so. Schließlich hast du Zeit investiert und stehst (idealerweise) dem Partner als Förderer mit Rat und Tat zur Seite.

Partnern, die sich aktuell auf einem Einkommenslevel zwischen 500 und 1000 Euro befinden, können wir nur ans Herz legen, sich auf die nächste Stufe vorzubereiten, indem sie ihre eigenen, größeren Events veranstalten und damit vom Teilnehmer zum Organisator werden. Damit übernehmen sie Eigenverantwortung, verlassen ihre Komfortzone und stellen die Weichen in Richtung Wachstum. Auf dieser Ebene bekommt das Thema Teamaufbau eine ganz andere Bedeutung.

Wenn du dafür bereit bist, solltest du dir diesen Abschnitt rot markieren. Mit dem reinen Empfehlen von Produkten erreichst du schnell deine Wachstumsgrenze. Auf Wachstumsgrenzen und wie man ihnen begegnet, kommen wir im Kapitel "Grenzenlos denken und handeln" noch ausführlich zu sprechen.

Durch den Aufbau deines eigenen Partnernetzwerks teilst du den Aufwand. Jeder Partner, den du über ein Interessenten-Event gewinnst, unternimmt im günstigsten Fall alle Anstrengungen, um ebenfalls

Produkte zu vermarkten und auch wieder neue Partner zu gewinnen. Du profitierst, wie bereits bemerkt, ebenfalls von seinen Aktivitäten. Wahrscheinlich hast du selbst schon längst erkannt, welchen Stellenwert dadurch Events bei dieser Aufbauarbeit einnehmen. Vor allem aber hast du bei jedem gut umgesetzten Event die Gelegenheit, Interessenten zu bewegen, selbst Partner zu werden. So erweiterst du sukzessive dein Team.

Zusätzlich hast du mit jedem Team-Event die Möglichkeit, auf jeden Einzelnen aus deinem Team einzuwirken. Du kannst deine Visionen teilen und neue Ziele formulieren. Du kannst deine Partner wertschätzen und sie motivieren.

Und wenn du es dann noch verstehst, persönlich und mithilfe deiner Partner die Inhalte in den sozialen Netzwerken an den richtigen Stellen zu teilen, dann baust du damit eine enorme Reichweite auf.

Ein solches Werkzeug kannst du nur schmieden, wenn du bereit bist, den Teilnehmer hinter dir zu lassen, der du anfangs unweigerlich warst und sein musstest. Du musst Verantwortung für dich, dein Business und deine Partner übernehmen. Wenn du diese Punkte umsetzt, werden sie sich enorm auf dein Leben als Network-Marketer auswirken und Dich noch schneller in Deiner Entwicklung voranbringen.

Wenn du in den ersten Kapiteln damit begonnen hast, das Buch als Workbook zu nutzen, ist das prima. Auch die nächsten Kapitel und die folgenden Fragen unterstützen dich dabei, dich und dein Business zu entwickeln.

Nun bist du an der Reihe. Beantworte die Fragen nun bitte, ohne lange darüber nachzudenken. 5-4-3-2-1 GO.

Wann wirst du dein erstes eigenes größeres Event durchführen?

An welchem Ort wird dein Event stattfinden?

Welche Person(en) soll(en) dich bei deinem ersten größeren Event unterstützen?

Und wie viele Gäste wirst du einladen?

Statt Halbgas und Mittelmäßigkeit: Einmal im Leben 100 Prozent geben

(Von Dennis Gombkötö)

Der folgende Auszug ist ein Teil meiner Rede, die ich 2014 bei einer Convention in Stuttgart vor 3.000 Gästen gehalten habe. Diese Rede soll verdeutlichen, was aus meiner Sicht notwendig ist, um vom Träumer, Wünscher und Hoffer zum Lenker des eigenen Schicksals zu werden.

Einmal im Leben für eine Sache 100 Prozent geben. Habt ihr euch da schon mal Gedanken darüber gemacht, was das bedeutet? Einmal im Leben – alles geben. Würde sich das vielleicht lohnen?

Die meisten machen leider diesen Wochenplan: Ich mach mal montags 15 Prozent, dienstags 18, mittwochs steigere ich mich – da ist dann Bergfest – auf 28, donnerstags auf 25, freitags fahren wir runter. Wir brauchen die Kraft fürs Wochenende. Und unterm Strich haben wir dann 100 Prozent.

Das ist natürlich nicht das, was zu Erfolg führt im Leben. Und ich möchte euch ganz kurz sagen, wieso ich überhaupt auf dieses Thema gekommen bin. Ich saß vor einiger Zeit im September in Reading (ausgesprochen Redding) in England und, da hat vorne ein Mann gesprochen, der hieß Mark Colbourne. Mark Colbourne ist Goldmedaillengewinner bei den Paralympics in London gewesen. Und er hat ein Röntgenbild von sich gezeigt, auf dem man sah, dass die Wirbelsäule durch einen Unfall komplett durch war. Ich habe das Röntgenbild gesehen, ich hatte Gänsehaut am ganzen Körper. Das ging im wahrsten Sinne des Wortes durch Mark und Bein. Aber er hat erzählt, dass er nach diesem Unfall zwei Jahre lang für einen Traum alles gegeben hat – nämlich in London Gold zu holen für seinen Vater. Das war so ein "Family-Ding". Er hat alles gegeben. Er hat gesagt: "Leute, ich habe zwei Jahre lang gegessen für diesen Traum. Ich habe zwei Jahre lang geschlafen für diesen Traum. Und ich habe trainiert für diesen Traum." Jeden Monat hat er 2.000 Meilen auf dem Fahrrad hinter sich gebracht. Das ist die Entfernung London – Moskau. Jeden Monat. Und ich weiß noch genau, ich saß in der hinteren Reihe und dann fragte er auf einmal:

"Wie sieht's mit euch aus? Habt ihr schon mal für irgendwas im Leben 100 Prozent gegeben?",

Mir sind da hinten fast die Tränen runtergelaufen und ich habe mir gesagt: Dennis, du Weichei, du Warmduscher. Ich habe kurz mein Leben reflektiert auf diesem Sitz da hinten und, ich habe mich gefragt: "Dennis, wo und wann hast du denn mal 100 Prozent gegeben?" Der liebe Gott hat mir irgendwie einige Talente mitgegeben. Eines davon war Tennis. 1985, ein Rothaariger, 17 Jahre, aus Leimen gewinnt Wimbledon. Da habe ich gedacht: "Also wenn der das kann, kann ich das auch." Wäre schön gewesen. Ich war ein Talent. Aber im Nachhinein muss ich sagen, ich habe höchstens 80 Prozent gegeben. Ich war so ein Schönwetterspieler. Also wenn ich gut drauf war, habe ich das Turnier gewonnen. Aber wenn ich in der ersten Runde den ersten Satz verloren habe und, es waren 30 Grad, dann habe ich gedacht: "O Mann, jetzt noch zwei Sätze spielen. Lohnt sich das?" So ein Typ war ich.

Meine Eltern waren verzweifelt. Ihr Sohn hatte großes Talent und machte nichts draus. Und ich habe mich danach öfter mal gefragt: "Dennis, was wäre denn passiert, wenn du 100 Prozent gegeben hättest? Wo wärst du heute?"

Das war eine Sache, die mich sehr beschäftigt hat. Es ging weiter in meinem Leben. Nach meiner Tenniskarriere, nachdem das nichts geworden ist, weil ich – auf gut Deutsch gesagt, ich denke, wir können offen reden – ein fauler Sack war (und natürlich einen Bandscheibenvorfall hatte – sogar zwei), dachte ich mir – lass die rechte, also die gefühlvolle Hand nicht komplett verkümmern. Wirste Zahnarzt.

Es war ein hartes Studium, man kommt da nicht einfach so durch. Aber irgendwie hatte ich auch da das Gefühl, ist nicht so meins. Auch da habe ich nicht 100 Prozent gegeben. Es ging so durch im Leben. Ich bin überall immer so durchgekommen. Mit wenig Aufwand. Außer in einer Sache. Meine große Liebe. Das war aber auch ein harter Kampf. Ich musste 100 Prozent geben, dass Claudia mich überhaupt nimmt. Und muss täglich 100 Prozent geben, dass sie bleibt. Also Leute, ich weiß schon, wie es sich anfühlt, 100 Prozent zu geben.

Was wäre wenn?

Diese Frage bewegt mich heute noch. Habt Ihr euch das auch schon mal gefragt? Was wäre passiert, wenn ihr euch in einer Situation anders verhalten hättet? Wenn Ihr damals mehr gegeben hättet? Was wäre, wenn ihr die eine oder andere Chance genutzt hättet? Habt ihr darüber schon mal nachgedacht? Diese Frage bewegt mich und, ich denke, sie zieht sich bei vielen Menschen durchs ganze Leben. Ich möchte euch wirklich aufrufen:

Macht es nicht Sinn, für eine Sache wirklich mal 100 Prozent zu brennen, wie man so schön sagt?

Man kann andere Menschen nur "anzünden", wenn man selbst brennt.

Eine der größten Mythen in unserem Business ist ja, dass Leute denken, dass sie mit neunzig Prozent Einsatz auch neunzig Prozent Erfolg haben. Das wäre klasse. Aber tatsächlich hast du mit 90 Prozent Einsatz fünf Prozent Erfolg. Es sind die letzten paar Prozent, die hier entscheidend sind. Die Menschen, die in dem Business wirklich erfolgreich sind, sind nicht 10, 20, 50 Prozent besser, sondern nur etwa drei bis fünf Prozent. Das sind die letzten paar Prozent, für die es sich lohnt.

Und jetzt noch mal die Frage an dich:

Wofür würde es sich für dich lohnen, einmal die letzten fünf Prozent zu geben?

Wofür würde es sich für einen Interessenten lohnen, dieses Geschäft anzufangen? Und ich kann euch nur sagen, egal was es ist, egal in welchem Bereich, mit diesem Business ist es umsetzbar. Ich lebe es tagtäglich und, ich bin tausend Prozent dankbar, dass wir vor acht Jahren diese Chance genutzt haben.

Und ein weiterer Riesen-Mythos ist, wenn Leute sagen: "Ja Dennis, dass du erfolgreich bist, ist ja auch klar. Du kannst so gut schwätze (reden). Du hast halt Talent, du kannst so gut schwätze." Aber das Schwätze ist die eine Sache. Ich muss auch mit jemandem schwätze. Wenn ich mit mir selber schwätz, passiert nämlich nichts.

"Hard work beats talent, when talent doesn't work hard.",

Also derjenige, der etwas tut, der Einsatz bringt, wird immer das Talent überflügeln, wenn das Talent nichts tut. Also, alles Talent bringt nichts, wenn man nichts tut.

Wir sind ja im Network-Marketing. Network. Oder heißt es Net-Talent-Marketing? Oder Net-I-try-it-Marketing? Nein, es heißt NetWork-Marketing. Es lohnt sich, für die Lebensträume zu arbeiten.

Wir müssen in diesem Geschäft – mehr als in jedem anderen – aus unserer

Komfortzone raus. Ich sage immer, wenn wir nur zehn Prozent der Leidensfähigkeit, die wir in unserem normalen Leben haben, in dieses Business einbringen, werden wir extrem erfolgreich.

Ich sage immer: "Im normalen Leben bekommst du sinnbildlich jeden Tag ein paar auf die Nase – bomm-bomm, bomm-bomm. Und sie blutet schon. Ach, wir sind's gewohnt. Und noch ein Treffer. Wir stecken fleißig ein. Morgens klingelt der Wecker. Bomm – und noch eine."

Und dann steigst du in dieses Business ein. Und plötzlich – ein Tritt zwischen die Beine. Aua, ein ganz ungewohnter Schmerz. Bitte wieder auf die Nase.

Spaß beiseite. Ihr müsst aus dieser Komfortzone raus. Ich nenne sie nicht nur Komfortzone, sondern Okay-Zone.

Kennt ihr das?: Hey, mein Job ist total okay. Das Haus, in dem ich lebe, ist total okay. Du, der Urlaub, wo wir dieses Jahr waren, das Hotel war total okay. 28 Tage Urlaub im Jahr –, total okay. Meine Frau ist total okay. So ein Schwachsinn.

Das ist die härteste Variante, meiner Meinung nach. Und es sollte auch dein Ziel sein, aus diesem "Okay-Ding" rauszukommen.

Ein bekannter und beliebter Fußballtrainer hat mal gesagt: "Die Lust am Gewinnen ist größer als die Angst vor dem Verlieren." Das ist ein Satz, an den ich total glaube. Ich war schon immer ein Träumer, ich wollte schon immer etwas mehr vom Leben. Und ich habe Lust, mehr vom Leben zu haben. Ich habe Lust, raus aus Okay hin zu außergewöhnlich zu kommen.

Darum bitte ich auch euch: Sucht die Lust, etwas zu erreichen. Nicht nur versuchen, das, was man schon hat, zu beschützen, um es nicht zu verlieren.

Geht raus aus eurer Komfortzone, wo es so schön warm ist. Lebensversicherung, Bausparvertrag, Komfortzone – kennt jeder Schwabe. Aber außerhalb spielt die Musik. Dort ist das Leben. Es lohnt sich.

Im Anschluss zeigte ich einen Film, der mich persönlich sehr inspiriert hat. Er handelt von einem Mann, dem Ärzte attestierten, dass er nie wieder ohne Gehhilfen gehen könnte. Er war ein 47-jähriger gehbehinderter und übergewichtiger Veteran, der sich eines Tages ein großes, persönliches Ziel setzte: endlich wieder richtig laufen zu können. Die Chancen, das zu schaffen, wurde von Medizinern und von seinem Umfeld mit Null bewertet. Yoga-Lehrer schickten ihn weg. Bis auf einen. Er kannte ihn nicht. Aber glaubte an ihn, so wie es niemand zuvor tat. Der Film zeigt, wie der Mann unter Schmerzen und maximaler Anstrengung hart trainiert. Von Trainingseinheit zu Trainingseinheit verbessert er sich. Ich bekomme immer, wenn ich den Film sehe, Gänsehaut. Und ich meine, auch einige Zuschauer im Publikum gesehen zu haben, die ihre Taschentücher zogen, so berührend ist dieser Film. Und plötzlich beginnt der Mann zu laufen. Ohne Gehhilfen. Erst sehr wacklig. Und dann plötzlich sehr sicher. Und mehr noch. Er geht spazieren und dann, dann fängt er an zu rennen. Alle Kritiker lagen falsch. Steht abschließend dort geschrieben. Es war möglich.

Was wäre, wenn ...? Was wäre, wenn ein Mensch, sich vornimmt, seine Gehbehinderung hinter sich zu lassen und dafür hart trainiert? Dann kann er es schaffen. Was damit bewiesen wurde. Als ich Zahnarzt wurde, hätte ich mir nie träumen lassen, vor Tausenden von Menschen zu sprechen und sie zu motivieren, für ihre Lebensträume zu kämpfen. Aber ich habe es getan. Und ich tue es regelmäßig wieder. Es macht mir unglaublich viel Spaß und erfüllt mich.

Wofür würde es sich für dich lohnen einmal 100 Prozent zu geben?

„Eine Investition in Wissen bringt immer noch die besten Zinsen."

Benjamin Franklin

Grenzenlos denken und handeln: Move Club. Vom Unternehmer zum Unternehmen

(Von Dennis und Claudia Gombkötö)

Wir genießen gerade in einem der luxuriösesten Urlaubsresorts der Türkei das herrliche Wetter und lassen hier einfach die Seele baumeln – mit einer befreundeten Familie aus unserem Team. Wir lieben es, zu reisen und unseren Arbeitsplatz an schöne Orte zu verlegen.

„Kreiere dir ein Leben von dem du keinen Urlaub nehmen musst."

Wir verbinden diese Reise hierher mit unserer Planung der diesjährigen Teamreise, die wir regelmäßig mit den erfolgreichsten Teampartnern unseres Move Clubs antreten. Mit diesen Reisen heben wir jährlich unser Team- und Wir-Gefühl auf ein neues Level. Eine Woche Training, Austausch, Spaß, Emotion, Recognition, Know-how und gemeinsame Magic Moments – und das in einer absolut außergewöhnlichen Atmosphäre. Solche Eventformate machen Sinn für jede Organisation, die erfolgreich werden will. Bei diesen Reisen feiern wir die außergewöhnlichen Erfolge unseres Teams.

Wenn uns Leute fragen, was wir beruflich machen, wäre die korrekte Bezeichnung: wir sind Network-Marketing-Professionals. Tatsächlich aber sehen wir uns mittlerweile als Dreambuilder. Wir bringen Menschen zum Träumen und bieten den Träumern eine Plattform, um andere Träumer zu treffen. Und wo sollte das besser funktionieren als auf Events? Was gibt es Schöneres, als persönliche Erfahrungen auszutauschen, Positives zu kultivieren und aus Träumen konkrete unternehmerische Visionen zu formen? Genau das ist unser Job. Danach geht es dann weiter: Mut machen, die Träume in die Welt tragen und an ihrer Verwirklichung arbeiten. Wenn Menschen, die ähnliche Werte teilen, an die gleichen Dinge glauben, dann macht es Sinn, sie zu einer großen Bewegung zu vereinen. Dadurch entsteht ein Teamspirit, Kraft und eine ungeheure Dynamik.

Rückblende. Wir mussten uns mal wieder auf den Prüfstand stellen. Denn plötzlich war sie da: die nächste Plateauphase. Diesmal standen wir vor der Herausforderung, dass wir sehr erfolgreich waren. Schön für uns. Aber nur für uns. Wir waren sehr dominant in unseren Persönlichkeiten - Gombkötö war das Brand, also die Marke. Der Erfolg im Team jedoch war überschaubar - wir hatten es bis dato nicht geschafft, ihn in die Tiefe zu duplizieren. Und weil ein guter Leader immer versuchen sollte, sich zu reproduzieren, also neue Leader zu generieren und keine Anhänger, mussten wir uns wieder neu erfinden.

Merke: Real leaders create more leaders, not more followers.

Eine weitere Goldene Regel im Network-Marketing lautet: "Erst fördern, dann duplizieren." Und bei der Duplikation klemmte es bei uns. Kurze Anmerkung: Mit Fördern ist übrigens gemeint, dass du selbst zunächst eigene Frontliner aufbaust, also potenzielle direkte Partner entdeckst und für die Arbeit im Network begeisterst und gewinnst. Im zweiten Schritt, also bei der Duplikation, hilfst du ihnen dann dabei, ebenfalls eine patente Erstlinie aufzubauen. Sie gehört ebenfalls zu deiner Downline, von deren Erfolgen du anteilig profitierst und so weiter. Und genau an dieser Stelle kamen wir an die nächste Wachstumsschwelle.

Keine Frage: Alle waren motiviert bis in die Haarspitzen und doch ließ die Umsatzentwicklung zu wünschen übrig. Für uns fiel wieder mal der Groschen - wie konnte es anders sein - bei einer Convention. Diesmal in Barcelona. Wir sahen, dass einige Partner unserer Company, die extremes Wachstum verzeichnen konnten, dazu übergingen, unabhängig vom eigentlichen Teamleader ein personenunabhängiges Teambranding zu promoten. Ein solches System war im Prinzip die Kreation einer Marke für unser Team, mit der sich alle Beteiligten identifizierten.

Nach dieser gigantischen Convention haben wir sofort gehandelt und unsere aufstrebenden Leader eingeladen, ein Wochenende bei uns zu Hause in der Schweiz zu verbringen. Das Ziel: ein eigenes Movement zu kreieren, mit eigenen Werten, Zielen und Mission Statement.

Die Idee war, ein personenunabhängiges „Movement" zu gründen mit einer gemeinsamen, namentlich nicht an Personen gebundenen Vision. Mit Move hatten wir genau so eine Vision begründet, zu der sich jeder zugehörig fühlen und als „Aktionär" betrachten kann.

Move steht für uns dafür, in Bewegung zu sein und, zwar in jeder Hinsicht.

Mit diesem Schritt konnten wir die Herausforderung umgehen, personenabhängig zu funktionieren. Denn einerseits gebührt den Teammitgliedern - jedem einzelnen von ihnen - die volle Aufmerksamkeit und Wertschätzung, andererseits wollten wir uns selbst in Zukunft natürlich auch entbehrlicher machen.

Move steht für Bewegung und zusätzlich für:

"Missiondriven"
"Outstanding"
"Valuable"
"Experience"

Jedes neue Teammitglied, das mit unserem Movement in Berührung kommt, soll eine außergewöhnliche und von Werten geprägte Erfahrung erleben.

Unser Move Club sollte unserem Team beziehungsweise unserer Bewegung eine unternehmerische Heimat geben, die geprägt ist von gegenseitiger Unterstützung, Wertschätzung sowie Lust auf Leistung und ein grenzenloses Leben. Das war der Plan. Und dieser Plan ging auf.

Diejenigen, die in ihrer Network-Marketing-Karriere noch ganz am Anfang stehen, werden im Laufe der Zeit und durch ihre Aktivitäten die Strukturen kennenlernen und verstehen, die wir hier für uns entdeckt haben und die wir kontinuierlich und zielsicher ausbauen. Mit der Zeit wirst du nachvollziehen können, dass auch du ähnliche Entscheidungen treffen musst, um deine Karriereleiter Stufe für Stufe weiter nach oben zu klettern. Veränderung ist die einzige Konstante.

Gegenseitige Unterstützung, Wertschätzung, Lust an Leistung und im Ergebnis ein traumhaftes Leben. Das ist der Treibstoff erfolgreicher Networker.

Ein gemeinsames Wertesystem ist elementar wichtig, damit sich jedes Club-Member wohlfühlen und einbringen kann. Nur durch gemeinsame Interaktionen greift die Community in alle Richtungen nach außen. Und nur so kann nach unserem Verständnis die oben beschriebene Duplikation gelingen.

Heute sind wir gut ausgestattet, um den Menschen "around the globe" über die gigantischen Möglichkeiten einer Branche zu berichten, die auf dem besten Wege ist, die Berufs- und Arbeitswelt der nächsten Jahrzehnte komplett zu revolutionieren. Und zwar weltweit und ohne geografische Grenzen.

Unser Movement entfaltete innerhalb von zwei Jahren eine extreme Anziehungskraft. Unsere Partner sind heute viel stärker involviert und fühlen sich als Teil von etwas Großem. Mehr noch, jeder Einzelne ist nun "Miteigentümer" des Move Clubs. Das führt zu einer neuen Kultur, einem immensen Wachstum an neuen Teampartnern und großem Selbstvertrauen - und letztlich auch dazu, dass das Business und die Products mit einer völlig neuen Qualität promotet werden können. Unser Business verfünffachte sich innerhalb von 24 Monaten. Begünstigt durch das neue Selbstvertrauen unseres Teams und die klaren Wertstrukturen, stieg die Reputation des Move Clubs. Das ebnete unserer Bewegung den Weg in die sozialen Netzwerke.

Nicht nur das. Unser Network-Traum wurde wahr. Nicht nur wir konnten ein hohes sechsstelliges Einkommen generieren, sondern auch sehr viele Leader im Move Club. Leader, die mit uns auf Augenhöhe arbeiten. Für die nächsten Generationen unserer Teampartner ist also gesorgt, sie können von der gebündelten Energie, Kompetenz und Ideenvielfalt unserer Gemeinschaft profitieren. Das gibt jedem Member das Gefühl und die Sicherheit, die es braucht, um erfolgreich zu werden.

Zum Aufbau einer Unternehmung beziehungsweise einer Marke gehört aber natürlich noch viel mehr als nur ein Name, ein Leitbild und fähige Leute. Es geht auch darum, das Team zu schulen und nachhaltig zu motivieren. Wir haben die Move Academy gegründet, ein Duplikationssystem, in dem wir unser Wissen in einem geschlossenen Bereich mit allen Einsteigern teilen und laufend aktualisieren. Wir unternehmen Reisen und treffen uns zum Beispiel im Move Summercamp, um uns an inspirierenden Orten auszutauschen.

Wir haben entdeckt, dass viele Menschen einfach nicht bereit sind, für sich selbst zu gehen, für sich selbst an sich zu arbeiten. Wenn es etwas gibt, das viel größer ist als sie selbst, dann entfalten sie plötzlich ihre ganze Kraft. Wahrscheinlich ist das evolutionär bedingt.

Dazu ein passendes Bild von zwei Maurern. Der eine Maurer ist total frustriert, weil er "nur Steine aufeinandersetzt", der andere ist total motiviert, weil er "eine Kathedrale baut".

Und genau das ist es, woran wir arbeiten. Die Errichtung eines virtuellen Bauwerks, in dem alle Aktivitäten darauf ausgerichtet sind, körperliches und finanzielle Gesundheit anzustreben, was unser gemeinsames, großes Ziel beschreibt.

Das ist die Grundlage für langfristigen Erfolg und die Basis dafür, dass sich wirklich jeder zu Hause fühlt, den wir in unserer Mitte begrüßen.

III. Weiterträumen

Wir

Network-Marketing-Märchen: Schneewittchen

(Wir interpretieren Grimms Werke neu)

Es war einmal mitten im Winter. Schneeflocken schwebten wie Federn vom Himmel. Und eine schöne Königin saß an einem Fenster und nähte. Und während sie nähte und träumend den Schnee betrachtete, stach sie sich mit der Nadel in den Finger. Drei Tropfen Blut fielen in den Schnee. Das Rot und das Weiß sahen wunderschön aus und, so dachte die Königin: 'Hätt' ich doch ein Kind – so weiß wie Schnee, so rot wie Blut und so schwarz wie Ebenholz.' Und bald darauf bekam sie ein Töchterlein, wie sie es sich gewünscht hatte: Haare so schwarz wie Ebenholz, Lippen so rot wie Blut und zarte Haut so weiß wie Schnee. Deshalb bekam das Töchterlein den Namen Schneewittchen.

Die Königin war die Schönste im ganzen Land und gar stolz auf ihre Schönheit. Sie hatte auch einen zauberhaften Spiegel. Jeden Morgen stellte sie sich davor und befragte ihn: "Spieglein, Spieglein an der Wand: Wer ist die schönste Frau im ganzen Land?" Da sprach das Spieglein allzeit: "Ihr, Frau Königin, seid die schönste Frau im Land." Und da wusste sie gewiss, dass niemand schöner auf der Welt war als sie.

Schneewittchen aber wuchs heran und, als sie sechzehn Jahre alt war, war sie so schön wie die Königin selbst. Eines Tages fragte die Königin ihren Spiegel: "Spieglein, Spieglein an der Wand: Wer ist die schönste Frau im ganzen Land?"

Der Spiegel antwortete: “Frau Königin, Ihr seid die Schönste hier und Schneewittchen ist genauso schön wie Ihr.”

Als die Königin den Spiegel so sprechen hörte, wurde ihr warm ums Herz. Von dieser Stunde an konnte die Königin an nichts anderes mehr denken als an ihre schöne Tochter, auf die sie so unendlich stolz war. Wenn sie Schneewittchen ansah, blühte ihr Herz auf. Und so beschloss sie eines Tages, ein großes Fest für sie zu geben. Zahlreiche Prinzen aus den benachbarten Königreichen waren eingeladen und strömten herbei. Unzählige Boten und Bedienstete trugen seltene Früchte aus einem geheimnisvollen Wald herbei und tischten weitere Köstlichkeiten auf, durch die auch die eingeladenen Gäste zu unbeschreiblicher Schönheit gelangen sollten.

Drei Tage und drei Nächte wurde das Fest der Schönheit gefeiert. Die Gäste waren verwundert, wie rein und glatt ihre Haut plötzlich war und, die Königin setzte sich auf den Thron, breitete die Arme aus und sprach: „Ihr habt von unseren Tellerchen gegessen. Ihr habt aus unseren Becherchen getrunken. Und nun spürt ihr an euch selbst das Geheimnis wahrlich schöner Haut.”

Schneewittchen trat neben ihres Mutters Thron und sprach zu den Anwesenden: „Ihr seht, dass meine Schönheit der der Königin gleicht. Nun zeigt auf, wer von euch zu unvergänglicher Schönheit und zu mehr Wohlstand gelangen möchte.“ Tosender Jubel durchdrang den Ballsaal, als Schneewittchen sieben Zwerge zu sich rief und sprach: „Durch unsere eifrigen Boten hier gelangen die seltenen Früchte auch an eure Höfe.“

Wieder jubelten die geladenen Gäste Schneewittchen und ihrer schönen Mutter zu.

Fortan wurde das Fest der Schönheit jahrein, jahraus gefeiert. Immer mehr Gäste folgten den Einladungen und so geschah es, dass auch in anderen Königreichen der Wohlstand wuchs und Schönheit und Zufriedenheit sich mehrten.

Die schöne Königin und ihre geliebte Tochter lebten ein glückliches und zufriedenes Leben.

Mach andere stark: Nachwuchsförderung im Network und warum du davon profitierst

(Von Claudia und Dennis Gombkötö)

Unsere neue Fassung von Schneewittchen zeigt, dass auch Überlieferungen, die Jahrhunderte funktionierten, irgendwann die besten Zeiten hinter sich haben. Geschichten und Geschichte kann immer wieder neu geschrieben werden. Menschen haben prinzipiell ständig die Möglichkeit, sich zu verändern und den vermeintlich vorgesehenen Verlauf ihres Lebens zu beeinflussen. Und das sollten sie auch.

Denn nicht selten machen Neid, Eifersucht, Missgunst und das persönliche Ego den Menschen zu schaffen und ihren Plänen einen Strich durch die Rechnung. Die unliebsamen Begleiter sind gleichzeitig die größten Erfolgsverhinderer. Unsere Geschichte zeigt dir, dass es auch besser laufen kann.

Und so startest du durch: Über den eigenen Werdegang nachdenken, ihn reflektieren und sich gegebenenfalls neu orientieren. Eigentlich sollte das gar nicht so schwer sein. Doch wer sich umschaut, sieht, dass es nur wenigen Menschen gelingt, ihr Leben aktiv in die Hand zu nehmen. Viele sind davon meilenweit entfernt. Verantwortlich dafür sind die Denkstrukturen, in denen sie fest verwurzelt sind. Limitierende Glaubenssätze werden verankert unter anderem durch Arbeit, Familie, soziales Umfeld, Medien und so weiter. Um aus diesen Strukturen auszubrechen, ist viel Energie nötig. Zunächst musst du das brennende Verlangen entwickeln, etwas an deiner aktuellen Situation zu verändern. Dann muss ein

Lösungsweg skizziert und mit den richtigen Aktionen verwirklicht werden – auch gegen den Widerstand deines Umfelds. Das nennt man Positionierung und diese führt zur Persönlichkeitsentwicklung. Das ist nicht immer einfach. Aber Flugzeuge starten auch gegen den Wind. Und dieser Prozess wird dich als Mensch und Networker enorm wachsen lassen.

Auf eigene Faust sind grundlegende Veränderungen sehr schwer. Besser geht das mit deinem Förderer oder deiner aktiven Upline, mit Literatur, Seminaren, Teamtrainings, eben mit Unterstützung von außen.

Robin Sharma sagt: "Bessere Wahrnehmung (Selbstreflexion) führt zu besseren Entscheidungen und damit zu besseren Ergebnissen."

Und wenn du es geschafft hast, dich weiterzuentwickeln, dann gib dein Wissen weiter. Dein Team wird es dir danken, wenn du es als Coach auf den richtigen Weg bringst.

Es gibt auch Menschen, die sich selbst längst für eine Veränderung entschieden haben und sich darüber wundern, wieso sie bei der Umsetzung so träge sind, wieso sie immer wieder in die alten Muster zurückfallen und von der geplanten Marschroute abweichen. Wer diese Tatsache erkennt, ist schon ein ganzes Stück weiter als diejenigen, die unreflektiert durchs Leben rennen, ohne sprichwörtlich nach links und nach rechts zu schauen. Nicht selten bemerken viele Menschen erst im letzten Lebensabschnitt, dass sie eine ganze Menge verpasst haben und dass sie ihre Zeit sinnvoller hätten nutzen können, wenn sie mehr auf ihr Herz und weniger auf ihren Kopf gehört hätten.

Leider leben wir Menschen in einer Komfort- und Wohlfühlzone. Neuerungen und Veränderungen lassen sich nur mit hohem Energieaufwand umsetzen und stoßen nicht selten auf äußere Widerstände.

Dass es sich lohnt, über die eigene Situation nachzudenken, haben wir dir märchenhaft dargestellt. Schneewittchens Mutter, die Königin, beispielsweise hat in unserer Version ihrem Neid und der Missgunst keinen Raum mehr geboten. Anstatt wie im Original die eigene Unzulänglichkeit auszuleben und der eigenen Tochter zu schaden, hat sie Chancen erkannt und Schneewittchen gefördert. Letztlich profitierte sie selbst davon.
Nur so konnten Mutter und Tochter einvernehmlich und gemeinsam ein glückliches Leben bis ins hohe Alter verbringen und dabei vielen anderen zu Schönheit und Wohlstand verhelfen. Im Network ist es genauso. Das eigene Ego ist der größte Erfolgsverhinderer. Dabei lautet die richtige Devise in unserem Business "Put others first", denn es geht immer um die Partner und deren Ziele.

Auch der Hexe im Märchen von Hänsel und Gretel blieb durch Persönlichkeitsentwicklung ein hartes Schicksal erspart. Statt im Backofen zu enden, hatte die Dame in unserer Version gelernt, sich selbst zu lieben und, konnte sich dadurch zu einer attraktiven Person entwickeln, die mit ihrer freundlichen und offenen Haltung zunächst den verirrten Kindern half und durch diesen Umstand einen Mann kennenlernte, in den sie sich am Ende auch noch verliebte und den sie heiratete. Die Patchwork-Familie konnte ein erfülltes und märchenhaft schönes Leben ohne finanzielle Sorgen genießen.

Ob im Original oder in unserer modernisierten Version - sowohl Hänsel und Gretel als auch Schneewittchen sind und bleiben natürlich Märchen. Dennoch lassen sich daraus nicht zu unterschätzende Rückschlüsse für das Network-Marketing-Business ableiten:

Ein ethisch einwandfreier und respektvoller Umgang im Network-Marketing wird sich auf deine Ergebnisse auswirken. Wir haben hier ein People-Business - man muss Menschen so behandeln, wie man selbst behandelt werden will. Wer diese Grundsätze beherzigt, trägt dazu bei, dass sich die Qualität seines Lebens enorm verbessert - denn man zieht das in sein Team, was man denkt und selbst ist.

You attract, who you are.

Vergiss nicht: „Tiefgründige und langfristige Beziehungen sorgen für langfristigen Erfolg.“

An dieser Stelle sei dennoch der Hinweis erlaubt, dass es beim Support von Teampartnern Unterschiede zwischen dem klassischen Angestelltendasein und Network-Marketing gibt. Wer sich als Angestellter mit großer Hingabe für das Wohl seiner Kollegen einsetzt, stellt damit nicht unbedingt sicher, selbst davon zu profitieren. Übereifrigkeit kann sogar ins Gegenteil umschlagen. Motivationsbündel haben es im Angestelltenverhältnis häufig nicht leicht.

Im Network-Marketing ist die Unterstützung neuer Partner und Teammitglieder jedoch nicht nur gewünscht, sondern der wesentliche Schlüssel zum eigenen Erfolg.

Teilen in der klassischer Arbeitswelt macht dich angreifbar – im Network-Marketing macht es dich unschlagbar.

Mit der Metapher einer Champagnerpyramide, wie sie auf Hochzeiten oder anderen Feierlichkeiten zum Einsatz kommt, soll verdeutlicht werden, wie sich eine Network-Marketing-Organisation verhält: „Alles was du reingibst beziehungsweise einschenkst, kommt unten wieder raus. Alles dupliziert sich nach deiner Art.“

Fleißige Förderer mit einer breiten Basis erfolgreicher Schützlinge profitieren also von deren Aktivitäten. Gute Leute zu entdecken, dein Wissen mit ihnen zu teilen und alles daran zu setzen, sie ebenfalls zum Erfolg zu führen, ist deine Aufgabe. Doch bedenke stets: Alles dupliziert sich. So wie du eingestellt bist, werden auch deine Partner eingestellt sein. Bist du loyal, sind auch deine Partner loyal. Bist du aktiv, sind auch deine Partner aktiv. Bist du bei Events dabei, werden es deine Partner auch sein.

Es ist also nicht nur wichtig, sich viel Zeit für die Auswahl der richtigen Geschäftspartner zu nehmen, sondern

„At first you have to grow, before your business grows.“

du selbst musst erst persönlich wachsen, bevor dein Geschäft wächst und sich duplizieren kann.

Mami oder Business-Mami: Frauen und Gleichstellung im Network-Marketing

(Von Claudia Gombkötö)

Auf diesen Part habe ich mich sehr gefreut. Es ist mir ein besonderes Bedürfnis, hier eine Lanze für uns Frauen und Mütter zu brechen und mit den folgenden Zeilen noch mehr Bezug zum Titel unseres Buches herzustellen: "Network-Marketing & Family – The Perfect Match".

Am eigenen Leib habe ich gespürt, wie schwer es Frauen in der klassischen Arbeitswelt haben, gerade wenn sie auch Mütter sind. Wir haben zwei Kinder, und ich betone an dieser Stelle, dass es aus meiner Sicht kein anderes Geschäftsmodell neben Network-Marketing gibt, in dem Gleichberechtigung so groß geschrieben wird. Schon mit dem Einstieg gibt es keine Gehaltsunterschiede, und auch beim Aufstieg im Network-Marketing ändert sich daran nichts: keine Unterschiede in Bezug auf Förderung, da nur die Leistung zählt.

Wenn Mütter sich fragen, wie Gleichberechtigung in der Geschäftswelt gelingt, ist Network-Marketing die passende Antwort darauf. Hier lassen sich Kind und Karriere miteinander vereinbaren.

Wir Frauen und Mütter arbeiten (wie die Männer auch) ortsungebunden. Alles, was wir brauchen, sind ein Internetanschluss, ein Laptop oder ein Smartphone sowie der Wunsch und der Wille, erfolgreich zu werden, und dann steht uns die Welt ebenso offen wie die Möglichkeit, dieses home-based Business extrem erfolgreich umzusetzen.

Kochen, den Haushalt erledigen und "nebenbei" hauptberuflich das Einkommen verdienen, um das Leben genießen zu können und auf nichts mehr verzichten zu müssen. Welche Frau träumt nicht davon? Eben. Network-Marketing macht's möglich und ist und bleibt das ideale Geschäft für Mamis (und Papis) in der Kindererziehungszeit.

Wie sieht die Alternative denn aus? Mit der Kindererziehung verlieren wir Mädels Rentenansprüche. Wenn wir zurückgehen in den alten Job, müssen wir uns neu eingliedern. Nicht selten hat eine Arbeitskraft, die jünger und eigentlich günstiger arbeitet, unsere Stelle besetzt, was bei unserer Rückkehr nicht unbedingt nur für Zuspruch sorgt. Nicht nur die Herausforderung der Wiedereingliederung nagt emotional an den Müttern. Sie stehen auch in emotionaler Abhängigkeit zu ihren Männern und fühlen sich durch mentalen Druck belastet, den Männer nicht haben und daher häufig nicht nachvollziehen können. Ihr Lieben – das alles lösen wir durch Network-Marketing. Freie Zeiteinteilung. Kein Druck. Kein Stress.

Wir, Dennis und ich, fördern Frauen in unserer Community mithilfe des Move Clubs. Wir "bauen Mamis auf", denn das haben sie in unseren Augen einfach verdient. Und viele Mamis, inklusive mir, haben vorgemacht, wie es geht. Sie haben steile Karrieren hingelegt. Und deswegen und, weil ich weiß, dass wir damit auf dem richtigen Weg sind, will und werde ich alles Erdenkliche tun, damit in Zukunft noch viel mehr Frauen genau diese unglaublich genialen Möglichkeiten nicht nur kennenlernen, sondern schätzen lernen und letztlich die Möglichkeit ergreifen, ihr Leben zu einem Meisterwerk zu machen. Nicht nur Männer können aus dem Hamsterrad ausbrechen. Wir Frauen und Mütter auch. Deswegen bin ich auch der festen Überzeugung, dass Networkmarketing, unser "home-based Business" für Frauen sogar noch besser geeignet ist als für Männer. Vermutlich sind deswegen 75 Prozent der Networker auch Frauen.

75 Prozent des Gesamtumsatzes im Network-Marketing werden durch Frauen generiert.

Zurück zur Ausgangslage: Mamis haben es nicht leicht. Sie müssen die Familie zusammenhalten, sich um den Haushalt und die Kinder kümmern. Wenn die Kids krank werden, brauchen sie viel Aufmerksamkeit. Wie also soll es möglich sein, als Mami von zu Hause aus zu arbeiten? Das ist ein Problem und geht nicht. Das denken jedenfalls Mamis, die nur die klassische Arbeitswelt kennen –, und noch nicht das Network-Marketing.

Jetzt die Network-Business-Mami: Eigentlich habe ich ein schlechtes Gewissen den Kindern gegenüber, weil ich nun ja noch weniger Zeit habe, mich um sie zu kümmern. Aber wenn ich es mir richtig überlege, dann ergibt sich für mich die Gelegenheit, das Geschäft aufzubauen, um künftig mehr Zeit für meine Kinder zu haben und zudem finanziell gut dazutehen.‘

Die Voraussetzungen sind dieselben. Doch die Network-Business-Mami hat eine andere Perspektive eingenommen. Ihr Mindset hat sich verändert. Sie denkt nicht in Problemen, sondern in Chancen. Mittlerweile haben sich viele Mamis unserem Movement, angeschlossen. Wir helfen ihnen, ihre innere Einstellung zu ändern. Es ist ja auch absolut erstrebenswert, das Positive im Leben erreichen zu wollen, voranzukommen und sich nicht selbst zu begrenzen, auszubremsen oder schlimmstenfalls zu zerlegen. Doch wie schafft man den Turnaround? Alles fängt mit deinem Warum an. Willst du tatsächlich etwas verändern? Und dann geht es weiter mit deinen Gedanken und vor allem der Sprache. Denn:

„Ob du denkst, du kannst es oder du kannst es nicht – du hast mit beidem Recht.“

Deshalb ist es besser, nicht von Problemen, sondern von Herausforderungen zu sprechen. Wenn du als Frau deine Entscheidung getroffen hast, dann geht es darum, an dich selbst zu glauben und den Fokus auf die richtigen Dinge zu lenken. Weg von Selbstzweifeln hin zu Selbstbewusstsein.

Geht nicht, gibt's nicht. Das Gegenmittel heißt Sprach-Check. Beobachte dich selbst. Oder bitte dein Umfeld, auf dich zu achten und dich darauf hinzuweisen, wenn du Probleme wälzt oder vieles negierst. Du wirst überrascht sein, wie häufig du dir am Tag einredest, was alles nicht geht. Ist es dann ein Wunder, dass vieles nicht funktioniert? Wenn du deine Herausforderungen identifiziert hast, kehre sie um, indem du positive Aspekte suchst und findest.

Negativ ausgedrückt (entfällt künftig): Ich kann das Business nicht machen, weil ich Kinder habe und keine Zeit.

Positiv ausgedrückt: Ich muss das Business machen, weil ich Kinder habe und zukünftig mehr Zeit mit ihnen verbringen möchte.

Erinnere dich regelmäßig an deine neue positive Einstellung. Nutze dazu Post-its an der Kaffeemaschine oder Lippenstift auf dem Badezimmerspiegel. Wiederhole sechs bis acht Mal am Tag möglichst laut deine Chancen und Ziele. Am Anfang kommt dir das vielleicht noch seltsam vor. Mit der Zeit gehen dir diese Dinge aber in Fleisch und Blut über.

Und dann plötzlich passiert es: Wow, ich bin mit einer anderen Einstellung ins Gespräch gegangen und das Ergebnis hat sich verbessert. Was ist plötzlich mit mir los? Das ist dein erster Magic Moment. Gratulation, weiter so. Das neue Mindset zeigt Wirkung. Und weil jetzt die Einstellung stimmt, kannst du etwas daraus machen. Als Business-Mami kannst du nun so richtig produktiv werden. Ich persönlich liebe mein Homeoffice. Ob man Homeoffice mag oder nicht, ist allerdings komplett typabhängig. Dennis zum Beispiel muss immer raus und unter die Leute, um produktiv zu sein. Ich bin anders gestrickt. Ich genieße es total, von Zuhause aus zu arbeiten. Ich habe ja die Kids hier. Sie sind acht und fünf Jahre alt, und so habe ich morgens drei bis vier Stunden für mich. In dieser Zeit kann ich Sport machen, aber auch sehr diszipliniert arbeiten. Disziplin ist absolut wichtig in diesem Job. Regelmäßig wiederkehrende Abläufe sind unerlässlich. Du hast entweder erfolgsfördernde Gewohnheiten und Rituale oder erfolgsverhindernde. Du entscheidest. Durch unsere Social-Media-Aktivitäten ist es allerdings kaum noch erforderlich, das Haus zu verlassen.

„Kontinuität schlägt Intensität.“

Ein oft verbreiteter Irrglaube in diesem Zusammenhang ist, dass man jeden Tag Spitzenleistungen bringen muss. Viel wichtiger ist aus unserer Sicht Kontinuität. Wir stellen immer wieder fest, dass gerade Anfänger überschätzen, was sie kurzfristig leisten können. Und gleichzeitig unterschätzen, was langfristig machbar ist.

Immer wieder hört man ja von Müttern, dass sie es nicht für möglich halten, mit einem, zwei oder gar drei Kindern im Network-Marketing zu starten, geschweige denn durchzustarten. Ja, es sind Herausforderungen. Aber sie lassen sich meistern. Mit Energie und Kontinuität.

Mit dem Blick auf die Schatzkarte, dem Ziel vor Augen und der richtigen Einstellung, nämlich “Ich will und werde es schaffen”, wirst du es schaffen. Denn plötzlich ergeben sich Möglichkeiten, die du vorher nicht gesehen hast. Dieser Umstand ähnelt der Tatsache, dass du, wenn du dir einen neuen Wagen gekauft hast, plötzlich ständig diese Automarke an dir vorbeifahren siehst. Oder Frauen erkennst, die “deine” Handtasche durch die Gegend tragen. Dein Fokus hat sich verändert. Das hilft dir dabei, Chancen zu erkennen und Herausforderungen zu meistern. Das, worauf du dich konzentrierst, verstärkst du.

Wenn du damit beginnst, nach Lösungen zu suchen, wirst du Antworten finden. Ein Beispiel:
Du musst zu einem Event? Könnte nicht eine Freundin, deine eigene Mutter oder eine Studentin auf dein Kind aufpassen? Erst für einen Freundschaftspreis und später, wenn der Umsatz zu fließen beginnt, als feste Größe.

Wonach suchst du künftig – nach Wegen oder nach Ausreden?

Die Dinge werden möglich, wenn du sie für möglich hältst und an sie glaubst.

Sehe ich das Business, das mir hier angeboten wird, als Chance zur Veränderung – zur Verbesserung – an, um auszubrechen und ein besonderes Leben zu haben, oder sehe ich es als Belastung und fühle mich beeinträchtigt, weil ich jetzt noch zusätzlichen Aufwand habe? Denke daran: Wenn du nichts änderst, ändert sich nichts. Es kann also nur besser werden.
Wahrscheinlich spricht die Kauffrau aus mir, wenn ich sage, dass das Leben in meinen Augen ein Preisvergleich ist. So sehe ich es nämlich. Die Frage ist, welchen Preis du zu zahlen bereit bist. Und wenn du dir dann ansiehst, wo du aktuell stehst, dann siehst du, was du dir wert bist.

Ich selbst musste einen langen und beschwerlichen Weg gehen, um dort anzukommen, wo ich hinwollte. Und ich weiß selbst, wie viele Hürden einem im Weg stehen oder in den Weg gebaut werden. Und, na klar, rinnen dir auch mal Tränen die Wangen hinunter, weil du nicht weißt, wie du es schaffen sollst. Aber du schaffst es. Man schafft es immer, wenn man keinen Zweifel zulässt.

„Erfolg ist der Sieg der Hoffnung über die Erfahrung.“

Dieses starke Denken wurde mir wahrscheinlich auch von zu Hause mitgegeben. Meine Eltern haben immer gesagt: “Claudia, studiere irgendetwas, damit du dich später selbstständig machen kannst. Ich habe das Unternehmerdenken quasi mit der Muttermilch aufgenommen. Und deswegen habe ich Steuer- und Prüfungswesen studiert. Ich habe beim Steuerberater gearbeitet mit dem Ziel, später eine eigene Kanzlei zu eröffnen. Mit der Zeit jedoch stellte ich fest, dass mich Zahlen alleine nicht glücklich machen. Also habe ich ein zweites Studium absolviert: Tourismusbetriebswirtschaft. Ich plante, irgendwann ein eigenes Hotel zu eröffnen. Und ich wollte die Welt bereisen. Der Freiheitsgedanke und der Wunsch, etwas selbstständig aufzubauen, haben mich definitiv schon sehr früh beschäftigt. Das war schon immer in mir drin. Doch unverhofft kommt oft. So gelangte ich über Umwege dann irgendwann in die Automobilbranche und habe dort meine Karriere in der Personalabteilung begonnen. Die Kollegen waren super und, es hat auch Spaß gemacht. Aber ich stellte schnell fest, dass das Thema Selbstständigkeit –, also etwas Eigenes aufbauen, eigene Ideen umsetzen, Eigenverantwortlichkeit leben können – in einem Riesenkonzern einfach nicht möglich ist.

Ich habe Einstellungsgespräche geführt und in diesem Zuge natürlich auch die finanziellen Rahmenbedingungen insbesondere für Frauen und Mütter nach der Elternzeit gesehen. Sie passten nicht in mein Bild für die Zukunft – ich konnte sie nicht als Dauerlösung für mich und uns ansehen. Ich fühlte mich limitiert.
Die Frauen nach der Elternzeit beziehungsweise Babypause haben Ab-

lage gemacht und Verträge geschrieben. Natürlich sind das Dinge, die auch wichtig und erforderlich sind. Aber ich habe nicht zwei Studiengänge erfolgreich absolviert, um am Ende das zu machen, was alle machen und, dabei noch 20 bis 30 Prozent weniger zu verdienen als männliche Kollegen mit den gleichen Qualifikationen.

Und doch habe auch ich mich am Anfang äußerst schwer damit getan, mich mit Network-Marketing anzufreunden. Ich wollte zwar selbstständig arbeiten, dabei aber weder proaktiv auf andere zugehen, noch vor einem Publikum sprechen. Das habe ich grundlegend abgelehnt.

Als ich dann nach der Convention in Berlin eingestiegen bin, standen uns harte Zeiten bevor. Daher kann ich mit jeder Mami mitfühlen, die dem Network-Marketing ebenfalls skeptisch gegenübersteht. Ich ermutige sie und alle anderen auch, sich dem Thema dennoch konstruktiv und offenen Herzens zu nähern. Auch ein bisschen Skepsis ist natürlich erlaubt, das ist vollkommen okay.
Wir haben sogar festgestellt, dass diejenigen, die unkritisch und ausschließlich begeistert einsteigen, auch die sind, die schnell und begeistert wieder aussteigen. Diejenigen, die sich die Zeit nehmen, konstruktiv nachfragen, verstehen wollen und sich für die Funktionsweise von Network-Marketing interessieren, sind mir daher viel lieber.

Das war am Anfang natürlich nicht so. Da wurden uns Einwände entgegengebracht, die wir aufgrund mangelnden Wissens selbst nicht widerlegen konnten. Das nagte dann schon mal ziemlich stark an uns. Doch auch davon sollten Mamis sich nicht entmutigen lassen. Lernen, lernen, lernen. Und immer wieder Unterstützung von Mentoren und Förderern anfordern. Denn unser System ist darauf ausgelegt, andere Menschen und insbesondere Frauen und Mütter zu stärken und groß zu machen.
Wenn du zum Beispiel Events besuchst, dann sprich mit den erfolgreichen

Mamis und überzeuge dich selbst, dass es möglich ist, neben "Kind und Kegel" in die Selbstständigkeit zu investieren. Das lohnt sich auf jeden Fall. Das Beste an diesem Business ist in meinen Augen, dass bei der Vergütung das Geschlecht keine Rolle spielt. Prinzipiell hat jede Frau die gleichen Chancen wie die Männer. Niemand fragt dich, wie deine Berufserfahrungen sind oder welchen Abschluss du vorweisen kannst. Und jede Frau - ob Mami oder nicht - kann den Weg gehen, wenn sie bereit ist, sich zu verändern und an sich zu arbeiten, um besser zu werden.

Sich als Frau aus der "Ok-Zone" zu verabschieden, bedeutet, Kind und Karriere auf einen Nenner zu bringen, unabhängig zu werden, sich selbst zu verwirklichen und am Ende frei zu sein. Das Ganze mit grenzenlosem Spaß. Deshalb liebe ich Network-Marketing.

Alter, Herkunft und Vergangenheit uninteressant: Wieso nur die Leistung zählt

(Von Claudia Gombkötö)

Heute ist Relaxen am Meer angesagt. Die Sonne strahlt vom Himmel und mit unseren Kindern um die Wette, die sich gerade am Strand austoben. Begleitet von einer leichten Brise, rauschen die Wellen an den Strand - so, wie sie es gestern taten, und so, wie sie es morgen tun werden.

Die Kontinuität, mit der sich das Wasser auf uns zu bewegt, ist vergleichbar mit den Einnahmen aus unserem Business. Die Einnahmen fließen uns entgegen, ob wir am Meer oder zu Hause im Garten sitzen, ob wir arbeiten oder schlafen. Gleichbleibend. Steigend. Wir investieren mittlerweile in verschiedene Vermögenswerte, aber vor allem in unser Team. Dadurch wächst unser Business noch weiter. Und daraus ergeben sich neue Einnahmen. Heute schauen wir aufs Meer und können aus dem Vollen schöpfen. Das war am Anfang natürlich noch nicht so. Da glich unser Network-Marketing-Einkommen eher einer kleinen Wasserquelle an einer Waldlichtung. Zu Beginn investierst du verhältnismäßig viel Zeit für wenig Geld, später kehrt sich das um, und du bekommst für verhältnismäßig wenig Zeitaufwand viel Geld ausgezahlt.

Interessant finde ich nach wie vor, dass es in diesem Business überhaupt keine Rolle spielt, wer du bist. Natürlich spielt deine Persönlichkeit eine Rolle, wie bereits ausgeführt und wie wir im Folgenden noch vertiefen werden. Allerdings spielt es für deinen Erfolg keine Rolle, ob du ein Mann oder eine Frau bist, woher du kommst und wohin es dich verschlägt, wie alt du bist oder wie jung du dich fühlst, was du früher gemacht hast oder für die Zukunft planst. Wieso ist das so?

Heute möchte ich dir unser Network-Marketing-Business erklären. Setzen wir unsere Fantasie ein und stellen uns jetzt einfach mal vor, wir wären Produzenten von seltenen Früchten und wollen diese in großer Menge verkaufen. Hier am Meer – mit einem Vitamin-Cocktail in der Hand – fällt diese Vorstellung besonders leicht.

Weiterhin stellen wir uns vor, dass es sich herumgesprochen hat, dass unsere Früchte eine unglaublich positive Wirkung auf das menschliche Wohlbefinden haben. Sie sind also wahnsinnig beliebt. Nun müssen wir sie als Hersteller verkaufen. Würde es Sinn machen, die Früchte abzupacken und sie jedem anzubieten, der uns begegnet? Nein.

Würde es Sinn machen, in der Primetime im Fernsehen und im Radio zu werben? Große Plakate in der Stadt zu buchen, in der Zeitung, in Magazinen und im Internet zu werben, um möglichst viele Menschen zu erreichen? Ja. Wäre das kostengünstig? Nein. Es würde ein riesiges Vermögen kosten, den Menschen unser Produkt auf diese Weise vorzustellen. Und nun? Wie können wir unsere Produkte an Interessenten bringen? Ganz einfach: Wir arbeiten mit den Ressourcen, die uns zur Verfügung stehen. Wir können denjenigen, die die Früchte schon konsumieren, anbieten, mit der Weiterempfehlung Geld zu verdienen.

Das begeistert sie. Sie lieben unsere Produkte und daher fällt es ihnen leicht, positiv über sie zu sprechen. Das ist unsere Chance. Wir brauchen kaum Überzeugungskraft, denn sie kommen wegen des genialen Geschmacks und der unglaublich hohen Qualität selbst auf die Idee, einige Produkt-Pakete für Freunde und Bekannte mitzunehmen. Die

Möglichkeit dieser zusätzlichen Einnahmequelle lässt ihre Augen (noch mehr) strahlen.

Der Erfolg lässt nicht lange auf sich warten. Die Leute, die sich vor kurzem mit den seltenen Früchten eingedeckt haben, sind wieder da. Mit ihrem Netzwerk. Die positive Wirkung zieht ihre Kreise. Aus fünf Käufern beim letzten Mal sind es nun 25 Käufer geworden, die Produktpakete haben wollen. Die Motivation ist riesig, denn jeder Empfehlungsgeber profitiert nicht nur von den Verkäufen seiner direkten Partner, sondern auch von deren Empfehlungen an andere Interessenten.

Würde es jetzt für uns Sinn machen, einzelne Einkäufer beziehungsweise Verkäufer zu klassifizieren und sie nach ihrem Geschlecht, nach Herkunft, Religion oder Vergangenheit zu bewerten und ihnen auf dieser Grundlage mehr oder weniger Provision zu bezahlen? Nein, es würde absolut keinen Sinn machen. Und deswegen bekommt im Network-Marketing jeder die gleiche Chance, bis an die Unternehmensspitze aufzusteigen.

Fazit: Network-Marketing ist ein Geschäftsmodell, das basierend auf Spaß an der eigenen Nutzung beliebter Produkte und daraus resultierender Empfehlung die eigene Produktnutzung subventioniert - zunächst teilweise, dann einhundertprozentig. Nach und nach entsteht so eine Community, die mit steigender Mitgliederzahl steigende Erträge erwirtschaftet, die oft so hoch sind wie das Einkommen von Wirtschaftsbossen und Managern.

Damit beende ich den kurzen Ausflug in die Traumwelt, die glücklicherweise gar keine ist, denn für uns und Tausende von Menschen ist sie bereits gelebte Realität.

Außerdem möchte ich nicht versäumen, noch einmal darauf hinzuweisen, dass es heutzutage nicht mehr zwingend erforderlich ist, persönlich Produkte abzuholen, um sie an andere zu übergeben oder zu verschicken. Es reicht aus, mit anderen über die Produkte zu sprechen, die man selbst konsumiert und von denen man überzeugt ist. Wer aufgrund seiner Empfehlung andere davon überzeugt, das Produkt online zu ordern, begünstigt damit auch sich selbst und kann sich auf seine Provision freuen. Es ist ähnlich wie beim Online-Shopping:

Gemeinsam stöbern, gemeinsam entdecken und aufgrund von persönlichen Erfahrungen des Empfehlungsgebers Produkte ordern und konsumieren. Aus der Menge empfohlener Produkte und der Anzahl der Erfolge deiner Teampartner errechnet sich Monat für Monat die wiederkehrende Provisionszahlung.

In der heutigen Zeit wird es immer wichtiger, den Menschen neben dem reinen Produktverkauf Mehrwert zu bieten. In unserem Business bedeutet das, Mehrwert in Form von Tipps und Infos zum Thema gesunde Lebensführung und Inspiration durch die Community. Es geht also heute nicht mehr nur um die reine Produktvermarktung, sondern um die Vermarktung eines ganzheitlichen Lifestyle-Konzepts. Dadurch eröffnen sich völlig neue Perspektiven. Wir sind heute vielmehr ein echtes Lifestyle-Netzwerk als ein konventionelles Konsumentennetzwerk.

Hier unter der lachenden Sonne in der Türkei wird mir wieder einmal klar, dass unsere Zielklarheit, unser Fokus und hundertprozentiger

Einsatz belohnt wurden. Dass wir die richtigen Menschen zur richtigen Zeit in unser Leben gezogen haben. Dieses „Glück“ haben wir uns erarbeitet, denn Erfolg ist nichts, was man erzwingen kann. Erfolg stellt sich ein, wenn die Einstellung stimmt.

Das Leben kann einem so Viel Gutes schenken, wenn man das Gesetz von Saat und Ernte verstanden hat und regelmäßig anwendet.

Tabula Rasa: Mach reinen Tisch für deinen Workflow

(Von Claudia Gombkötö)

Nur noch schnell die Einkäufe erledigen – und dann fange ich an, mich um mein Network-Marketing-Business zu kümmern. Okay, und noch die Wäsche waschen. Das geht ja schnell. Und aufgehängt werden muss sie auch. Das Auto muss auch noch dringend in die Werkstatt, doch vorher müssen die Kinder aus dem Kindergarten abgeholt werden. Ups – da war der Tag dann auch schon wieder rum. Schade. Das mit dem Business hat heute leider nicht geklappt.

Wer kennt das nicht? Die Agenda ist gefüllt mit zahlreichen Verpflichtungen – da wird jede noch so kleine Ablenkung dankend angenommen, um, wie zum Beispiel früher in der Schule, doch nicht lernen zu müssen oder die wichtigen Aktivitäten für das eigene Business auf später zu verschieben.

Grundsätzlich fängt der Aufbau der Organisation im eigenen Kopf an. Das Gegenmittel für Aufschieberitis und Null-Ergebnis ist ein klares und großes Warum – ein Ziel also, und dazu das brennende Verlangen, wirklich etwas in seinem Leben verändern zu wollen. Hinzu kommt eine klare Zeitlinie. Im Aktivitätenplan sind alle Aktivitäten erfasst, die mich in meinem Business wirklich weiterbringen. Ich nenne sie gern einkommensproduzierende Tätigkeiten. Im Network sind das genau drei Dinge: Menschen auf unsere Produkte und Dienstleistungen ansprechen, Menschen auf unsere Geschäftsmöglichkeit aufmerksam machen und die Fähigkeit, auf Events einzuladen.

Über Saat und Ernte oder das Geld-Zurück-Prinzip

Menschen produzieren die besten Ergebnisse, wenn sie wissen, was sie tun sollen. Das beginnt im Kindesalter, setzt sich in der Schule, am Ausbildungsplatz und dann später an der Arbeitsstelle fort. Wer das Angestelltenverhältnis gegen den Einstieg ins Network-Marketing tauscht, kann schnell überwältigt werden von einer überfordernden Freiheit. Wer die Wahl hat, hat die Qual. Die meisten Menschen, die bisher im Angestelltenverhältnis gearbeitet haben, kennen das Zeit-gegen-Geld-Prinzip: Für einen bestimmten Zeiteinsatz bekommt man ein festgelegtes Gehalt. Hier liegt also ein lineares Verhältnis zwischen Zeitaufwand und Geldsumme vor, bei dem es in der Regel keine großen Gehaltssprünge gibt. Man wird für die Zeit bezahlt und nicht zwingend für Ergebnisse.

Im Network-Marketing hingegen gilt das Prinzip von Saat und Ernte. Das, was heute gesät wird, führt zur zeitlich versetzten Ernte. Und wir können im Network-Marketing entscheiden, dass wir eine erfolgreiche Ernte einfahren wollen und werden. Was wir jedoch nicht sofort selbst bestimmen können, ist die Erntezeit - wann genau wir also erfolgreich werden. Die Erntezeit lässt sich zwar begünstigen, aber eben nicht genau vorhersagen. Fakt ist jedoch: Bei stetigem Einsatz steigen die Möglichkeiten exponentiell an. Mit dem erfolgreichen Teamaufbau - der natürlich Kontinuität verlangt - verlagern sich die Aktivitäten auf mehrere Schultern, und dadurch lassen sich überdurchschnittliche Ergebnisse erzielen.
Wichtig für den persönlichen Selbstwert ist es, die eigenen Aktivitäten (die tägliche Saat) zu beobachten, zu pflegen und sich an den Erfolgen zu erfreuen. Stelle also bitte nicht gleich zu Beginn die höchsten Erwartungen ans finale Ergebnis. Sie erfüllen sich, wie gesagt, oft zeitversetzt.

„Ziehe Deinen Selbstwert aus Deinen täglichen Aktivitäten (Saat) und nicht aus Deinen Ergebnissen (Ernte).“

Für den langfristigen Erfolg ist es wichtig, dass man den Weg nach oben ganzheitlich und übergeordnet sieht. Jedes Gespräch, jedes Telefonat, jeder Kontakt, jede Nachricht, jeder Kilometer, jede Flugmeile gehören dazu. Wenn du nicht bereit bist, diese "Extrameilen" zu gehen, ohne ein sofortiges Ergebnis zu bekommen, kann es ein zäher und aufreibender Weg werden. Aber: Der Weg ist das Ziel.

Network-Marketing folgt dem Geld-zurück-Prinzip: Alle Aktivitäten sammeln sich auf deinem Punktekonto, und irgendwann ist dann Payday. Ich bin mir ganz sicher: Es gibt keine Aktivität, die einfach nur so und ohne Sinn stattfindet. Von diesem universellen Gesetz bin ich absolut überzeugt, und ich habe es selbst im eigenen Business erlebt. Du hast es in der Hand. Nur du entscheidest, wohin deine Reise geht. Vergiss dabei nie: Aktivität steht auch im Wörterbuch immer vor dem Erfolg.

Der Rhythmus aus Kontinuität und Intensität

Wenn es dir gelingt, deine Aktivitäten in eine tägliche Kontinuität und einen Rhythmus zu bringen, fängt es an, Spaß zu machen. Deine Arbeit nimmt an Leichtigkeit zu. Vielleicht kennst du das vom Joggen: Am Anfang sind die Beine schwer, doch nach einer Weile findest du deinen persönlichen Rhythmus, und die Beine laufen wie von allein. Genau diesen Effekt kannst du auch beim Businessbuilding erzielen. Diese Leichtigkeit ist mit nichts aus dem klassischen Angestelltenverhältnis zu vergleichen. Stell dir vor, du könntest dir deine Träume von freier Zeiteinteilung und finanzieller Freiheit erfüllen, ohne dabei das Gefühl zu haben, das sei "Arbeit" im klassischen Sinne. Genau diese Möglichkeit wird dir hier geboten. Gerade wenn du große Ziele hast, geht es darum, deine Mission ernst zu nehmen und Ausreden einzustellen. Nimm diesen neuen Job mindestens genauso ernst wie deine früheren Tätigkeiten im Angestelltenverhältnis. Ich sage das bewusst, weil nicht wenige Menschen nebenberuflich ins Network-Marketing starten und den Hobbymodus auch nach Wochen und Monaten noch nicht verlassen haben. Kein Angestellter (dem das monatliche Gehalt lieb ist) kann montags einfach seinen Chef anrufen und sagen: "Ich habe heute keine Lust zu arbeiten, denn ich fühle mich einfach nicht danach." Kein Selbstständiger kann es sich erlauben, montags einfach mal nicht in der Praxis, Kanzlei oder im Laden zu erscheinen.

Hobbyeinstellung = Hobbyeinkommen
Unternehmereinstellung = Unternehmereinkommen

Der Vorteil am Angestelltenverhältnis ist die erlernte Ernsthaftigkeit. Diese darfst, ja, musst du sogar übernehmen, wenn du erfolgreich werden möchtest. Der Unterschied zum Angestelltenverhältnis ist, dass du deine Arbeit nicht für einen Chef, einen Berufsverband oder sonstige Institutionen verrichtest, sondern einzig und allein für dich (und deine Familie). Dabei ist es wichtig, dass du dir erst einmal klar darüber wirst, wie viel Zeit du investieren kannst und möchtest. Passe deinen Zeitplan einfach an deine Vorstellungen an:

8 Stunden Arbeit
7 Stunden Schlaf
4 Stunden Arbeit an deinen Träumen
2 Stunden Essen und Hygiene
1 Stunde Weg zur Arbeit
1 Stunde Einkaufen
1 Stunde Sport und Zeit für den Partner

Natürlich ist das nur eines von vielen Beispielen, wie sich der Tag gestalten lässt. Es soll dir aber verdeutlichen, dass an jedem Tag zeitliche Kapazitäten vorhanden sind und freigemacht werden können, wenn man und frau es nur möchte. Zeit ist ein wesentlicher Schlüsselfaktor zum Erfolg. Das Stichwort lautet: Prioritäten. Prioritäten setzen und bewusst entscheiden, in welches Thema du deine Zeit investierst, entscheidet darüber, wie erfolgreich du am Ende wirst. Das Einzige, was fair verteilt ist, ist die Zeit. Die Uhr tickt für alle Menschen gleich. Wir alle haben 24 Stunden pro Tag zur Verfügung. Es ist ganz allein deine Entscheidung, wofür du sie investierst.

"Sei bereit, auf Krümel zu verzichten, wenn du dich für den Kuchen entschieden hast."

Wenn es dir nun also wichtig ist, deine freie Zeit in dein Unternehmen zu investieren und wenn du mit deinem Wochenplan deine "Öffnungszeiten" festgelegt hast, dann geht es als nächstes darum, sich in dieser Zeit ausschließlich auf die einkommensproduzierenden Tätigkeiten zu konzentrieren. Zum Beispiel morgens zwei Stunden potenzielle Kunden und Partner kontaktieren und abends zwei Stunden lang Produkte und Dienstleistungen oder eben das Business als Gesamtes zu präsentieren. Du musst mit Spaß und Freude an die Sache gehen und deine täglichen To-dos entwickeln. Diese Routine bringt dich über kurz oder lang - das entscheidest letztlich du allein - an dein Ziel. Durch diese zeitliche Planung werden deine Aktivitäten messbar und nachvollziehbar. Das ist äußerst wichtig.

Einigen liegt diese Kontinuität fern: Ihr Geschäft bleibt immer klein, weil es klein gedacht wird. Manche Menschen können die Fesseln der Kurzfristigkeit nicht lösen. Sie glauben zu erkennen, dass ihre Angebote "keinen interessieren", nur weil zehn Menschen sie abgelehnt haben. Was ist aber, wenn Nummer Elf und Nummer Zwölf mitmachen würden? Es ist eine Frage der Wahrscheinlichkeit, der Quote, und manchmal dauert es eben auch etwas länger, bis sich der Erfolg einstellt. Er stellt sich aber ein: definitiv.

Wenn die Einkommen aus dem klassischen Angestelltenverhältnis mit denen aus dem Network-Geschäft verglichen werden, dann wäre das Gehalt des Angestellten der Größe nach mit einem Tennisball vergleichbar. Das Einkommen eines Network-Marketers hat anfangs eher die Dimension einer Murmel. Es ist wichtig zu verstehen, dass beide Kugeln in die Hosentasche passen.Erst mit der Zeit dehnt sich die "Network-Marketing-Murmel" so stark aus, dass sie nicht mehr in die Hosentasche passt. An dieser Stelle endet die Nebentätigkeit. Das Einkommen ist nun höher als das aus dem Hauptjob. Nun kannst du ins Vollzeit-Business wechseln. Während dein Gehalt im Angestelltenverhältnis bei gleichbleibendem Zeiteinsatz auch in den nächsten Jahren noch dem "Tennisball" entsprechen würde, wächst das Network-Marketing-Geschäft exponentiell. Bald schon hat es im Hinblick auf das Umsatz-Volumen den Tennisball überholt, wächst weiter zum "Basketball", nimmt die Dimension eines Medizinballs an und irgendwann sogar die eines Zorbingballs.

Es geht aber noch um viel mehr als nur um Zeit und Umsätze. Es geht auch um deine Energie und Herzensangelegenheiten. Ich habe mir die 100-zu-20-Regel zu eigen gemacht: Wenn du mit einhundert Prozent Herz und Leidenschaft an die Sache gehst, vierundzwanzig Stunden mental mit der Hingabe einer oder eines Verliebten im Network-Marketing-Business bleibst und dabei nur zwanzig Prozent deiner Zeit einsetzt, die du sonst in deinen normalen Job oder sonstige Dinge investierst, und das Ganze über drei bis fünf Jahre kontinuierlich durchziehst, dann kannst du davon lebenslänglich partizipieren. Die meisten machen es leider genau umgekehrt: mit zwanzig Prozent Herz bei der Sache und dafür einhundertprozentiges Zeitinvest, und zwar ein Arbeitsleben lang.
Um emotional und vor allem auch zeitlich auf Erfolgskurs zu bleiben, macht es absolut Sinn, sich für den Start, aber auch für später, einen Businessbuddy zu suchen oder eine Seelenverwandte – eine Person also, mit der du dich verstehst, gerne Zeit verbringst und regelmäßig austauschst.

Mit ihr kannst du immer wieder neue Ziele formulieren und abgleichen. Die besagte Person kann im besten Fall dein Lebenspartner sein oder auch ein Partner aus deiner Downline, Side- oder Upline.

Diese dir nahestehende Person wirst du nur ungern enttäuschen wollen. Du setzt dich durch diese Verbindlichkeit einer gewissen eigenen positiven Selbstverpflichtung aus, indem du deine gesteckten Ziele mit deinem Buddy teilst. Diese Verbindlichkeit ist sehr kraftvoll und spornt dich zu Höchstleistungen an.

Wenn du diese beschriebene neue Routine drei Wochen lang umsetzt, geht sie dir wahrlich in Fleisch und Blut über. Nach 21 Tagen wird es dir deutlich schwererfallen, deine neuen Aktivitäten nicht umzusetzen, als es einfach zu tun. Das meine ich mit Rhythmus.

Eine weitere essenzielle Notwendigkeit für unser Business ist, dass du dir immer wieder ein proaktives, also ein positives, energiegeladenes und fokussiertes Mindset generierst. Nimm dir zehn bis fünfzehn Minuten Zeit nach dem Aufstehen oder vor dem Schlafengehen. Die hat jeder. Tony Robbins, eine der größten Inspirationsquellen für uns, wenn es um Motivation und Mindset geht, sagte einst: "Wenn du keine zehn Minuten hast, hast du kein Leben." Also nimmt dir diese Zeit oder besser: deine Zeit und notiere regelmäßig Folgendes auf einem Blatt:

drei Dinge, für die du heute dankbar bist
drei Tagesziele, die du heute / morgen erreichen wirst
drei Dinge, die du heute gut gemacht hast.

Ein letzter Gedanke dazu: Network-Marketing ist einfach, aber nicht ganz leicht umzusetzen. Achtzig Prozent in diesem Business ist psychologisch begründet, wird also von unserer "Birne" gesteuert. Wenn sie uns mit falschen Glaubenssätzen ausbremst, dann ist es unsere Pflicht, mit Persönlichkeitsentwicklung den Weg zu ebnen. Und dann ist die Bahn frei, um die verbleibenden zwanzig Prozent Technik und Know-how umzusetzen, damit das Network-Geschäft durchstartet und abhebt.

Wenn du bisher gedacht hast, dass du bewusst Entscheidungen triffst, dann rolle den roten Teppich für dein Unterbewusstsein aus. Bespiele es mit positiven Inhalten, denn es ist für achtzig Prozent unserer Entscheidungen verantwortlich.

Wichtig: Nach zwölf Jahren eigener Erfahrung können wir die extrem positive Wirkung fester Tagesabläufe, Rituale und Routinen nur bestätigen. Wenn Regelmäßigkeit, kombiniert mit Leidenschaft, Einzug in dein Leben hält, wird sich das enorm positiv auf deine Network-Marketing-Karriere auswirken. Mit dem Hinweis, aktiv daran zu arbeiten und deine Persönlichkeit zu entwickeln (um dieses Ziel zu erreichen), haben wir dir ein Geschenk gemacht, das du annehmen solltest. Es ist Grundvoraussetzung für langfristigen Erfolg in diesem – in deinem – Geschäft.

Vision-Board II: Mit der Network-Marketing-Schatzkarte auf dem richtigen Weg bleiben

(Von Dennis Gombkötö)

Glückliche Menschen, wohin das Auge blickt. Der Treibstoff Glück versorgt uns seit vielen Jahren mit der nötigen Energie, die uns Auftrieb gibt, um unsere Arbeit gut zu machen. Und doch: Stets gut gelaunt und glücklich zu sein, kann auf andere gelegentlich befremdlich wirken. Dauerstrahlemännern und -frauen ist nur selten zu trauen, könnten Skeptiker argwöhnisch bemerken.

Kein Wunder: Der Zustand "glücklich sein", den sich viele Menschen offenkundig wünschen, wird unerträglich für diejenigen, die sich nicht vorstellen können, ihn in absehbarer Zeit selbst zu erreichen.

Deshalb wollen wir uns in diesem Kapitel noch einmal intensiv unserem Vision-Board widmen. Das Ziel, das wir im ersten Viertel des Buchs gemeinsam auf der Schatzkarte eingetragen haben, wartet nun darauf, erreicht zu werden. Dafür müssen wir auf dem richtigen Weg bleiben. Oder besser ausgedrückt: Wir müssen uns zunächst einmal einen Weg dorthin bahnen und überlegen, wie wir das Ziel überhaupt erreichen können. Denn nachdem wir im Geiste der kleinen Fee unsere Träume mitgeteilt und motiviert die Zielcollage mit Bildern aus dem Internet und Katalogen visualisiert haben, haben wir tagtäglich, vielleicht aber auch schon wochenlang die Schatzkarte vor Augen. Sie hängt dort, wo wir uns regelmäßig aufhalten. Und nun? Wie geht es weiter?

Von hier aus müssen wir rückwärts denken. Um diese Methode nachvollziehbar und verständlich erklären zu können, bedienen wir uns eines gedanklichen Hilfsmittels und bearbeiten ein Ziel, das du später durch eigene Wünsche und Träume ersetzen kannst.

Los geht's: Stell dir einfach mal vor, auf deiner Zielcollage ist ein traumhafter Sportwagen zu sehen. Wert: etwa 150.000 Euro. Ihn einmal zu fahren, ist dein großer Wunsch. Ihn regelmäßig zu fahren, dein größter Traum. Doch mit dem Blick auf deinen aktuellen Kontostand rückt dieser Traum in weite Ferne. Lass dich davon nicht beeindrucken. Lass dich nicht begrenzen.

Wir beginnen jetzt damit, rückwärts zu überlegen, wie es gelingen kann, dass du mindestens einmal - idealerweise aber regelmäßig - mit dem Luxuswagen unterwegs sein kannst. Und so gehen wir gedanklich vor:

1. Ich möchte einen Sportwagen im Wert von 150.000 EUR besitzen. Ich benötige ich dafür:

a. eigenes Geld
b. Motivation, um 150.000 EUR zu verdienen
c. eine Probefahrt
d. Zugang zur Probefahrt.

2. Ich beginne rückwärts bei Punkt d und sende eine Anfrage an den Vertrieb meines (oder mehrerer) Traumwagenherstellers, die in etwa so aussehen könnte:

Liebes Traumwagen-Team,

ich bin ein riesiger Fan des neuen Modells XY. Das weiß auch mein Chef / Kollege / Freund. Und weil er sich in absehbarer Zukunft einen neuen Wagen (für seine Sammlung) zulegen möchte und meinen Kenntnissen vertraut – ich bin ein begeisterter Fachmagazinleser und lasse auch keine Sendung im TV aus, wenn es um neue Autos geht – bat er mich um meine Meinung. Aus diesem Grund melde ich mich bei Ihnen zu einer Probefahrt an. (S)Eine Freundin wird mich begleiten. Ich habe am xx.xx.xxxx um xx Uhr Zeit. Passt Ihnen das in den Kalender?

Ich freue mich, von Ihnen zu lesen oder zu hören: xxxx.xxxxxxxx und wünsche Ihnen einen angenehmen Tag.

Herzliche Grüße aus xxxxxxxx
Vorname, Nachname

3. *Probefahrt: Motivationsschub für eigene Aktivitäten*

Je nach Hersteller sind unterschiedliche Voraussetzungen für eine Probefahrt erforderlich. Diese sollten berücksichtigt werden, damit nichts schiefgeht, denn auf dem Weg zum eigenen Traumwagen ist die Probefahrt ein absolutes Muss. Kamera oder Smartphone nicht vergessen. Viele Erinnerungsfotos fürs Vision-Board schießen. Damit haben wir auch Punkt c abgehakt.

4. *Erfolg ist planbar*

Kommen wir zu Punkt b. Nachdem die Katalogbilder auf dem Vision-Board durch echte Fotos ausgetauscht wurden, geht es nun darum zu planen, mit welchen Aktivitäten das Ziel erreicht werden kann.

Diese Rechnung soll eine Idee davon geben, wie man ein Ziel herunterbrechen kann:

I. Angenommen, ich bekomme 50 Euro Provision, wenn ich ein Produkt verkaufe.

II. Wenn ich 150.000 Euro verdienen möchte, muss ich 3000 Produkte verkaufen.

III. Wenn ich mir dafür ein Jahr lang Zeit nehme, dann muss ich 250 Produkte pro Monat verkaufen.

IV. Das sind umgerechnet 62,5 Produkte pro Woche.

V. Wenn wir davon ausgehen, dass der Quote nach jeder Dritte kauft, dann müssen wir unsere 62,5 Produkte pro Woche der dreifachen Menge an Leuten präsentieren. 62,5 x 3 ergibt 187,5. (Das bedeutet, dass pro Woche, 187,5 Menschen informiert werden müssen. Kann man das schaffen? Ja, na klar. Mit den richtigen Werkzeugen, wie zum Beispiel dem Einsatz von Social Media. Im Monat 750 Einzelgespräche zu führen, wäre etwas müßig. Vielen Menschen mithilfe von Webinaren oder Calls über Skype / Zoom oder FB-Live die richtigen Inhalte näherzubringen, ist sinnvoller und besser machbar.

VI. Nun müssen aber 750 Leute im Monat das Webinar auch besuchen. Da ebenfalls nur eine begrenzte Anzahl der Webinar-Einladung folgen wird, müssen wir deutlich mehr Leute einladen – nehmen wir mal an, die doppelte Menge. Also 1.500 Leute.

VII. Wie kommen die Gäste ins Webinar? Nur einen Link zu versenden, wäre eine schwache Form der Einladung. Die Aktivitäten können durch Telefonate, Videos in den sozialen Netzwerken und natürlich auch durch die Unterstützung des eigenen Teams flankiert werden.

5. Umsetzung und Kontrolle

Wir erreichen Punkt a). Den wichtigsten Part. Denn nun geht es ums Handeln. Wenn die Umsetzung in vollem Gange ist, kontrollieren wir regelmäßig, ob unsere Aktivitäten ausreichen, um unser Ziel in der geplanten Zeit zu erreichen.

Das Schöne am Network-Marketing ist, dass du dich nicht mehr allein anstrengen musst, um deine Ziele zu erreichen. Diesen Traumwagen durch den Verkauf von Produkten selbst und ohne Hilfe realisieren zu wollen, ist zwar möglich, aber nicht im Sinne des Erfinders. Es geht in unserem System ganz klar um die Vervielfältigung von Arbeitskraft. Und deswegen macht es Sinn, auf Duplikation zu setzen. Will heißen: sich ein großes Netzwerk von Partnern aufzubauen. Um diese Partner zu gewinnen, ist ein genauer Plan und ein exaktes Maß an Aktivitäten erforderlich. Angenommen, wir würden diese 150.000 Euro mit einem Team verdienen wollen, dann wäre dieses Einkommen in einem Bruchteil der Zeit realisierbar. Angenommen, du würdest 100 Erstlinien sponsern wollen, dann könntest du nach demselben Beispiel wie oben vorgehen.

Wieder bewegen wir uns gedanklich rückwärts, vom Ziel hin zum Start, wo wir jetzt stehen:

Um 100 Partner zu gewinnen, muss ich mit mindestens 500 Menschen konkret sprechen und, um das realisieren zu können, zuvor mindestens 1.000 Leute kontaktiert haben.

Wenn ich mir dafür zwei Jahre Zeit nehme, sind das 500 Menschen im Jahr, die ich ansprechen muss –, also etwa 42 Personen im Monat und demnach drei Menschen alle zwei Tage. Ist das machbar? Natürlich ist das machbar. Daraus ergibt sich eine allgemeingültige Faustregel für den Erfolg im Network-Marketing. Sprich mit drei Menschen am Tag über deine Geschäftsidee. Sollte dir das nicht möglich sein, weil du noch nebenberuflich tätig bist, dann sprich bitte mit zwei Menschen. Solltest du noch weitere Verpflichtungen haben wie Kinder, Familie, Sport oder Ähnliches, dann sprich mit einem Menschen am Tag. Aber dieses Gespräch ist wirklich Pflicht.

Die Rückwärtssuche vom Ziel bis zum Ausgangspunkt, hilft Neustartern dabei, Network-Marketing begreifbar zu machen, und bietet Orientierungshilfe. Wenn das angestrebte Ergebnis feststeht, treten die Zahlen auf den Plan. Wie viel Umsatz, Teammitglieder oder Ähnliches benötige ich in welcher Zeit? Daraus ergibt sich die Aufsplittung in Tages-, Monats- und, Jahresziele und Aktivitäten, die zum gewünschten Ergebnis führen.

An dieser Stelle noch ein kurzer Exkurs zur Parabel mit dem Schachbrett: Man erzählt sich, dass ein König einem Untergebenen dankbar für dessen Dienste war und diesem anbot, sich etwas zu wünschen. Dieser Wunsch sollte ihm in jedem Fall gewährt werden. Der Begünstigte bat den König, ein Schachbrett mit Reiskörnern zu belegen. Auf das erste Feld solle er ein Korn legen, auf das zweite Feld zwei Körner, auf das dritte Feld vier und dann immer weiter verdoppeln, bis das 64. Feld des Schachbretts erreicht wäre. Der König amüsierte sich über den bescheidenen Wunsch. Doch so bescheiden war dieser gar nicht. Ganz im Gegenteil. Durch die stetige Verdoppelung hätte das Schachbrett mit mehr als 500 Milliarden Tonnen Reiskörnern belegt werden müssen. Auf diese Hebelwirkung wird im Network-Marketing gesetzt. Sowohl Team als auch Umsätze können sich exponentiell in unserem Business vergrößern.

Wer bereit ist, nach fünf ernsthaften Partnern zu suchen, das heißt nach Menschen, die die Entscheidung getroffen haben, sich und ihr Leben, verbessern zu wollen – und diese auch findet, um sie mit dem kompletten Knowhow auszustatten, ist auf dem richtigen Weg. Wenn diese Partner dann ebenfalls bereit sind, dieses Wissen wiederum jeweils an fünf ernsthafte Partner weiterzugeben, und die nach ihnen ebenfalls, dann hast du ein 125-köpfiges Team aufgebaut. Das ist die Hebelwirkung im Network-Marketing. Ein wichtiger Tipp noch: Es sind nie die ersten Fünf, die du ansprichst, die zu deinen stärksten Partner, werden. Die Suche kann schon etwas dauern. Nur wer starke Verbindungen sät, kann sich auf eine üppige Ernte freuen.

Setzt du die Suche fort, und arbeitest an der Duplikation - zum Beispiel auf 10 Partner, die ebenfalls je 10 Verbindungen schaffen und sich wieder 10 starke Partner anschließen, ergibt das im Ergebnis bereits 1000 Partner in deinem Team. Deswegen macht es Sinn, sich von vornherein auf die Gewinnung von direkten Frontlinern zu konzentrieren und ein breites Fundament aufzubauen, aus denen mittelfristig durch die Duplikaten ein kraftvolles Team entsteht.

Mit diesem Input bist du nun wieder an der Reihe.

Mein Ziel lautet:

Welchen Geldbetrag benötige ich dafür?

In welchem Zeitraum benötige ich das Geld?

Wie sieht mein genauer Aktivitätenplan aus (auf welchem Weg gewinne ich Kunden oder Partner)?

Welche Ressourcen brauche ich dafür - wer soll mich dabei unterstützen?

Der Plan steht. Aber wie stellen wir sicher, dass wir uns auch daran halten? Theoretisch hat jeder Mensch nahezu unbegrenzte Möglichkeiten, sich zu entfalten. In der Praxis sieht das allerdings etwas anders aus, wie wir im Kapitel "Mach andere stark: Nachwuchsförderung und warum du davon profitierst" bereits verdeutlicht haben.

Die eigenen Möglichkeiten werden von der breiten Masse nicht annähernd ausgeschöpft. Die persönliche Rolle wird vom Umfeld geprägt. Als Kind stehst du unterm Pantoffel deiner Eltern. Später prägt dich dein Freundeskreis. Und bevor du dich versiehst, funktionierst du nahezu automatisch. Menschen sind "Herdentiere". Diese Erkenntnis ist nicht neu, aber evolutionär wichtig und richtig. Ein Planet mit sieben Milliarden Individualisten wäre dem Untergang geweiht. Für den Einzelnen ist diese Erkenntnis aber gleichzeitig auch eine Last und nicht besonders zufriedenstellend. Sie ist der perfekte Anlass, um den persönlichen Status quo auf den Prüfstand zu stellen. Mann und auch Frau muss nämlich erst einmal aktiv werden und überlegen, ob die eigene Persönlichkeit sich dorthin entwickelt (hat), wo sie im eigenen Wertesystem vermutet wird. Wenn das nicht der Fall ist, gibt es Möglichkeiten, den Weg zu korrigieren. Zum Beispiel, indem du Ausschau nach Gleichgesinnten hältst. Wer teilt deine Werte? Wer hat die gleichen oder zumindest ähnliche Ziele? Was musst du tun, um die Angewohnheiten abzulegen, die dich von deinen Zielen abhalten?

Wenn sich berufliche, familiäre oder finanzielle Rahmenbedingungen zum Nachteil ändern, neigen Menschen häufig dazu, sich kurzzeitig zu ärgern, doch in der Konsequenz kümmert sich nur ein kleiner Teil der Betroffenen darum, die Herausforderungen proaktiv anzugehen und zu lösen. Der Großteil hat gelernt, sich mit den Unzulänglichkeiten, freundlich ausgedrückt, zu arrangieren oder, besser gesagt: abzufinden. Statt ihr Leben selbstbestimmt zu führen, füllen unzählige Menschen die Tage zwischen den Wochenenden mit Tätigkeiten, die sie zum Ende ihres Lebens bereuen. Dann, wenn nur noch wenig Zeit zum Genießen bleibt, werden viele erst wach. Dann wird geträumt und gewünscht. Doch dann ist die Zeit fortgeschritten und vieles, für das in jungen Jahren noch Energie verfügbar war, ist nun nicht mehr oder nur noch eingeschränkt, möglich. Um es auf den Punkt zu bringen:

"Das Leben ist zu kurz für irgendwann."

Es ist also an der Zeit, den Sankt-Nimmerleins-Tag, auf den die wichtigen Dinge gerne verschoben werden, aus dem Kalender zu streichen. Jetzt handeln. Sofort aktiv werden, bevor das Leben vorbeigerauscht ist wie ein Hochgeschwindigkeitszug. Also: auf Nimmerwiedersehen Frust, innere Kündigung, Zweckoptimismus, Bewahrermentalität und suboptimale Lebensgewohnheiten. Herzlich willkommen Glück, Freude und Zufriedenheit. Lass den Erfolg in dein Leben.

Wenn du spürst, dass du dich verbessern möchtest, dann schaffst du das auch. Wir haben dir bis zu diesem Punkt einen Einblick in unser

Leben gewährt, damit du erkennen kannst, dass uns das Leben, das uns heute so viel Freude macht, nicht in die Wiege gelegt wurde. Ganz im Gegenteil. Die Widerstände, an denen wir uns abarbeiten mussten, waren enorm. Auf der anderen Seite aber haben wir die Herausforderung gerne angenommen. Wir wussten, dass wir das erreichen wollten und konnten, was andere uns in Aussicht gestellt haben: die Menschen, die von der Bühne aus zu uns sprachen, inspirierten uns. Sie erzählten uns von Gesundheit, von einem tollen Lifestyle, von finanzieller Unabhängigkeit und einem unbeschreiblichen Glücksgefühl. Und wir?

Wir haben geträumt und gearbeitet. Wir haben geweint und geschwitzt. Wir haben weiter geträumt und gehandelt. Wir haben es geschafft. Und nun bist du an Reihe. Jetzt triffst du deine Entscheidung. Und wenn du die Richtige triffst, dann freuen wir uns, mit unseren Zeilen einen Teil zu deiner Entwicklung beigetragen zu haben.

IV. Handeln

Du

Network-Marketing-Märchen: Von einem, der auszog das Fürchten zu lernen

(Wir interpretieren Grimms Werke neu)

Ein Vater hatte zwei Söhne. Der ältere Sohn war einfältig, gar etwas ängstlich, dafür fleißig und zuverlässig. Er erledigte tadellos, was ihm aufgetragen wurde. Der jüngere Sohn war klug und mutig und lernte sehr schnell. Er arbeitete immer nur dann, wenn es ihm Spaß machte.

Wenn nun etwas zu tun war, richtete es meistens der ältere Sohn aus. Hieß ihn aber der Vater noch spät oder gar in der Nacht etwas holen und der Weg ging dabei über den Kirchhof oder sonst einen schaurigen Ort, so antwortete er wohl: “Ach nein, Vater, ich gehe nicht dahin, ich fürchte mich.” Der jüngere Sohn hörte das mit an und konnte nicht begreifen, was es heißen sollte, wenn jemand sagte: “Ich fürchte mich”, denn er kannte keine Angst.

Eines Tages beschloss der Jüngling, auszuziehen, um das Fürchten zu lernen. Sein Vater gab ihm fünfzig Taler mit auf die Reise und wünschte ihm viel Glück, und so zog der Bursche los. Er lief hinaus auf die große Landstraße und sprach immer vor sich hin: “Ach, wenn ich mich doch nur fürchten würde, wenn ich nur wüsste, was Angst ist.”

Das hörte ein alter Krämer, der mit einem Fuhrwerk hinter ihm herschritt, und er fragte: “Was brummst du beständig in deinen Bart hinein?” Der Junge antwortete: ”Ich möchte das Fürchten lernen, von einem, der auszog das Fürchten zu lernen denn ich weiß nicht, was Angst sein soll.”

Da sprach der Krämer: "Komm, geh mit mir, ich will sehen, dass ich dich unterbringe." Der Junge ging mit dem Krämer, und abends gelangten sie zu einem Wirtshaus, wo sie übernachten wollten.

Dort sprach der alte Krämer: “Höre Junge, einst habe ich erfahren, dass am königlichen Hofe seltene Früchte, Obst und Gemüse verkauft werden, die zu ewiger Schönheit führen. Ich bot sie auf dem Markt an. Aber niemand wollte sie haben. Du bist jung und mutig. Versuche du dein Glück an meiner Stelle.“ Gesagt, getan. Der Junge erklärte sich bereit, und schon am nächsten Tag begaben sich die beiden zum königlichen Hofe, um den Wagen mit den geheimnisvollen Früchten zu füllen. Sie machten sich auf den Weg zum Markt. Dort angekommen, zögerte der Junge nicht lange. Er stellte sich vor den Stand und grüßte die Leute, die vorbeiliefen, höflich und hielt ihnen die Früchte entgegen. “Seltene Früchte. Lasst Schönheit, Gesundheit und Wohlbefinden in euer Leben!”, rief er ihnen aus Leibeskräften hinterher. Die Marktgänger belächelten ihn, aber niemand kaufte ihm auch nur eine einzige Frucht ab.

Abends kam der Krämer auf den Jungen zu und fragte, wie es ihm ergangen sei. “Keine einzige Frucht habe ich verkauft”, erklärte dieser, "aber ich werde mein Glück weiter versuchen." Auch am zweiten Tag rief der Jüngling von seinem Stand aus: “Seltene Früchte. Lasst die Schönheit in euer Leben!”, aber wieder verkaufte er nichts. Nachts wälzte er sich in seinem Bett hin und her, als ihm plötzlich eine Fee im Traum erschien. Er schilderte ihr sein Problem und fragte sie, was er tun könne. Die Fee lächelte und sagte nur: “Das Richtige”, bevor sie wieder verschwand.

Der Junge dachte nach und begab sich auf leisen Sohlen in die Küche des Krämers, der ihn bei sich zu Hause aufgenommen hatte. Dort probierte er von den seltenen Früchten. Und plötzlich kam ihm eine Idee.

Am dritten Tag stand der Bursche wieder an seinem Stand. Diesmal mit zehn der schönsten Mädchen der Stadt. Er hatte ihnen seine fünfzig Taler gezeigt und sie gefragt, ob sie sich wünschten, das Gleiche zu verdienen. Da sagten sie "Ja" und gingen mit ihm zum Markt. Am Stand erlaubte er ihnen, die seltenen Früchte zu probieren, und als nun wieder die Leute am Stand vorbeikamen, blieben sie stehen – so viele hübsche Mädchen hatten sie selten an einem Ort gesehen. Der Jüngling stieg auf ein Podest neben dem Stand und sprach zu den Schaulustigen:

"Liebe Leute, heute ist euer Glückstag. Denn heute erfahrt ihr das Geheimnis wahrer Schönheit. Seht ihr diese wunderschönen Mädchen? Ihre glatte und strahlende Haut, ihre schönen Haare. Ich jedenfalls schaue sie sehr gern an."

Die Mädchen fühlten sich geschmeichelt, erröteten und lachten – eine heitere Stimmung breitete sich am Stand mit den seltenen Früchten aus. Der Jüngling fuhr fort: "Schaut, wie sich diese Schönheiten nach den seltenen Früchten verzehren, denn diese Früchte verleihen ihnen ihre zarte Haut und halten sie gesund und munter."

Immer mehr Schaulustige drängten sich am Stand. Eine Frau holte ihr Körbchen hervor und bat darum, ihn mit den seltenen Früchten zu füllen. Dann fragte die nächste. Und plötzlich ein vornehmer Herr. Die zehn Schönheiten packten eifrig die Ware in die Körbe und übergaben sie den Käufern. Noch bevor die Mittagszeit angebrochen war, hatten der Jüngling und seine zehn Helferinnen die ganze Wagenladung verkauft.

Der Krämer konnte sein Glück kaum fassen. Gleich am nächsten Morgen brachen er und der Bursche erneut zum königlichen Hof auf, füllten diesmal gleich zwei Fuhrwerke mit seltenen Früchten und zogen diese zum Markt. Es warteten bereits zwölf Schönheiten auf den Burschen und die Früchte. Zwei weitere Schwestern waren hinzugekommen und wollten nun mithelfen und natürlich auch mitverdienen. Eine große Menschenmenge stand um die Mädchen herum, als eins von ihnen plötzlich das Wort ergriff:

“Liebe Leute, heute ist euer Glückstag. Denn heute erfahrt ihr das Geheimnis wahrer Schönheit. Seht uns an: Wir haben glatte und strahlende Haut und schöne Haare. Wir lieben diese seltenen Früchte, denn sie verleihen uns schöne Haut und halten uns gesund und munter.“

Sie hatte die letzten Worte noch nicht ausgesprochen, da streckten die ersten Schaulustigen schon ihre Körbe aus, um sie mit seltenen Früchten füllen zu lassen.

Der Bursche aber zählte säckeweise Taler und konnte sein Glück nicht fassen. Er verliebte sich in die erste Schönheit, die er angesprochen hatte. Sie boten fortan die seltenen Früchte gemeinsam feil und lebten glücklich und zufrieden bis ans Ende ihrer Tage. Der Bursche soll übrigens sein Lebtag nicht herausgefunden haben, was Angst bedeutet. Man erzählt sich, er habe die Frage irgendwann einfach vergessen.

Und nun tun: Der perfekte Zeitpunkt für deinen erfolgreichen Weg durchs Netz

(Von Dennis und Claudia Gombkötö)

Der clevere Bursche aus unserer Märchenversion versteht nicht, wovor andere sich fürchten. Wer so offen ist wie er, nach Lösungen Ausschau hält, anstatt sich zu verstecken oder in Ausreden zu verlieren, braucht sich nicht zu fürchten und kann sorgenfrei durchs Leben gehen. Denn für die, die es wirklich wollen, wird sich alles zum Guten wenden.

Durch seinen Quereinstieg ins Network-Marketing steht der Jüngling in unserem Märchen vor der Herausforderung, ohne Vorerfahrung mit seiner Zielgruppe zu kommunizieren, was ihm mit einigen Anlaufschwierigkeiten dann auch gelingt. Durch clevere Entscheidungen und mit geringem finanziellem Aufwand gelangt er zu Wohlstand.

Wir selbst haben eine märchenhafte Karriere im Network-Marketing hingelegt und sind dabei, noch größer zu träumen und weiter aufzubauen. Das zeigt dir, dass es definitiv möglich ist, die seltenen Früchte des wirtschaftlichen Erfolgs genießen zu können, wenn man im und mit dem Network darauf hinarbeitet. Wir haben die Samen gesät und einige Jahre dafür gesorgt, dass sie gedeihen konnten. Und nun freuen wir uns Monat für Monat über die üppige Ernte.

Mit diesen Zeilen kommen wir nun zum praktischen Teil.
Erinnerst du dich noch an die erste Begegnung in unserem Traum-

raum? Daran, als wir darüber sinnierten, was wohl passiert wäre, wenn Menschen im Mittelalter anderen davon erzählt hätten, dass es in absehbarer Zeit möglich sein würde, in großen Metallvögeln um die Erde zu fliegen? Heute ist das möglich.

Und erinnerst du dich auch noch daran, wie wir überlegten, wo sich dein persönlicher Schatz wohl befinden könnte? Irgendwo zwischen dem Ort, an dem du gerade liest und dem anderen Ende der Welt. Nun wird es Zeit zu verreisen.

Denn nun bist du an der Reihe. Dein privater Network-Marketing-Jet steht vollgetankt auf dem Rollfeld. Lass uns gemeinsam einsteigen – Stufe für Stufe. Wir folgen dir. Wirf einen Blick in den Passagierraum: Luxus, wohin das Auge blickt. Komfortable Designersitze, alles duftet herrlich neu und, deine freundliche Crew bietet dir zur Begrüßung einen Vitamindrink an. In deinem Network-Marketing-Flieger suchst du die zweite Klasse vergebens.

Hier gibt es nur Erstklassigkeit. Das hat auch einen Grund. Diese Sitze sind allesamt für neue Partner und bald für die besten Leute aus deinem Team bestimmt. Biete ihnen immer das Beste an. Und mache deinen und damit auch ihren Aufstieg zu etwas ganz Besonderem. Lass uns nun das Cockpit besichtigen. Der Pilotensitz ist für dich reserviert. Klemm dich hinters Steuer. Du willst abheben? Du wirst abheben. Mit unserer Inspiration und unserem Mentorship:

Zeit für den Startcheck. Wir prüfen die Instrumente.

1. Check: Zukunftsradar - Finde dein Warum.

„Wer beim Planen versagt, der plant zu versagen." Deshalb organisiere dich, fixiere schriftlich deine Ziele und plane alle notwendigen Schritte für deinen Erfolg. Beantworte präzise die folgenden Fragen:

Warum bist du ins Network-Marketing eingestiegen? Warum ist es dir wichtig, dieses Geschäft aufzubauen?

___

___

___

Welches Resultat strebst du an? Wohin willst du, oder wovon willst Du weg?

___

___

___

Warum hast du den Erfolg verdient?

___

___

___

Warum sollte ein Interessent unbedingt mit dir zusammenarbeiten wollen?

Wenn deine Partner dich in einem Jahr beschreiben sollten, was werden sie über dich sagen?

Worauf wirst du in fünf Jahren besonders stolz sein?

Warum ist das Warum so wichtig? Mit einem eindeutigen Ziel vor Augen und den richtigen Beweggründen weißt du, wofür du arbeitest. Das Zukunftsradar wird auch Vision-Board genannt. Das Formulieren deines Warums ist der Schlüssel beim Einstieg ins Network-Marketing, denn es wird dir Kraft und Antrieb geben. Nutze deinen Schlüssel und starte die Maschine.

2. Check: Aktivitätenplanung.

Um im Network-Marketing nachhaltig erfolgreich zu werden, musst du zügig Lernerfolge bei folgenden Aktivitäten verbuchen:,

1. Aufbau von Interessenten: Finde Menschen, mit denen du über dein Produkt / Dienstleistung und übers Geschäft sprichst.

2. Kontakt: Lerne, Menschen online und offline dazu einzuladen, sich die Möglichkeiten anzusehen, die du für sie bereithältst.

3. Storytelling: Erzähle glaubhaft und begeistert deine eigene Geschichte.

4. Begeisterung: Lerne, das Geschäftsmodell eindrucksvoll zu präsentieren.

5. Follow-up: Lerne, deine Zielpersonen elegant zu erinnern und effektiv nachzuhaken.

6. Entscheidungsfindung: Lerne, Partnerschaften anzubahnen, also Interessenten zu Partnern zu machen, indem du sie einschreibst.

7. Integration: Arbeite neue Partner erfolgreich ein und, integriere sie in die Community und dein Team.

8. Bindung: Mache Menschen nicht nur zu Partnern, sondern zu Freunden. Binde sie also nicht nur ans Geschäft, sondern an dich als Person.

9. Nachhaltigkeit: Lerne, deine Partner nachhaltig erfolgreich zu machen. Ihr Erfolg steht im Zusammenhang mit deinem Erfolg.

3. Check: Schubkraftregler für den Network-Marketing-Erfolg

3.1. Betrachte deine Aktivitäten als das, was sie sind: ein Business. Network-Marketing ist kein Zeitvertreib. Du arbeitest in einer professionellen Branche, in einem hochkompetitiven Markt. Du bist Unternehmerin oder Unternehmer und solltest das Geschäft mit der nötigen Ernsthaftigkeit betreiben und dennoch den Spaß an den täglichen To-Dos bewahren.

3.2. Arbeite dauerhaft konsequent. Zerlege große Aufgaben in kleine Teilaufgaben und arbeite sie über längere Zeiträume regelmäßig ab. Gerade Einsteiger neigen dazu, am Anfang die enorme Wirkung dieser täglichen Routine zu unterschätzen. Ebenso überschätzen sie häufig zu Beginn die kurzfristigen Effekte. Eine stabile, profitable Downline entsteht nur durch Regelmäßigkeit, Pflege und Wartung. Wenn du ganz neu beginnst, dann schreibe dir auf, was du heute erledigen wirst – welche Aufgaben du morgen und übermorgen planst und welche für die Tage danach.

Heute - Aktivität Eins:

____

____

Geplante Dauer:

____

Heute - Aktivität Zwei:

____

____

Geplante Dauer:

Heute - Aktivität Drei:

Geplante Dauer:

Zum Beispiel: In dieser Woche fünf Kunden gewinnen.

Heute - Aktivität Eins:

Philipp, Julia, Celine, Felix und Isabel kontaktieren und Einladung versenden. Ziel: Termin für Produkt- oder Businesspräsentation vereinbaren. Geplante Dauer: 30 Minuten

Mindestens an fünf Tagen in der Woche aktiv sein. Besser sind sieben Tage. Mit wenigen Stunden kontinuierlicher Arbeit am Tag gewöhnst du dich an Standardabläufe. Bereits eine halbe Stunde kontinuierlicher und konsequenter Arbeit pro Tag wird Effekte zeigen. Durch diese Regelmäßigkeit erkennst du besser und schneller Gelegenheiten und bist in der Lage, diese auch auszuschöpfen. Wenn du die wiederkehrenden Aktivitäten mindestens sechs Monate lang umsetzt, dann sind die ersten Erfolge nahezu unvermeidlich.

3.3. Übernimm die volle Verantwortung für dein Geschäft. Wenn mal etwas nicht funktionieren sollte, suche nicht die Schuld bei anderen. Lass dir eine Lösung einfallen und stelle die Widrigkeiten ab.

Hol dir Unterstützung von deiner Up- oder Downline, aber behalte selbst die Kontrolle. Auf dem Weg dorthin lerne alles, was du lernen kannst, inhaliere jede relevante Information und wende sie an.

3.4. Mache Durchhaltevermögen zu deinem Hobby und, bleibe am Ball. Lege deine Furcht ab, Fehler zu begehen. Aber hüte dich davor, Fehler zu wiederholen. Und lasse dich ausgiebig von den Besten der Branche inspirieren. Berühmte Persönlichkeiten, erfolgreiche Unternehmer und Network-Marketer verbindet eine Gemeinsamkeit: Sie alle haben so lange an ihren Träumen gearbeitet, bis diese zur Wirklichkeit wurden. Auf dem Weg dorthin werden etliche Fehler begangen. Wenn du auf die Nase fällst, dann stehst du wieder auf und probierst es weiter. So arbeitet ein Profi. Dein Plan heißt also: lernen und anwenden, gelegentlich scheitern, verbessern und weitermachen. Und wieder von vorn. So lange, bis du in den höchsten Umlaufbahnen angekommen bist. Dann gehörst du zu den Bestverdienern der Branche.

Network-Marketing ist nicht nur ein Geschäft der Kontinuität, sondern ein Quoten-Business: 80 Prozent der Networker sind einfach nur dabei, 15 Prozent tun ein wenig mehr. Nur fünf Prozent nehmen es wirklich ernst und machen. Deswegen unser eindringlicher Aufruf an dich:
Wenn du startest, mach es richtig. Und gehöre am Ende wie wir zu den fünf Prozent.

4. Check: Brennkammer Unabhängigkeit und Freiheit.

Network-Marketing ist ein Mittel zum Zweck. Es geht nicht nur um Produkte. Es geht nicht nur um den Bonusplan und, es geht auch nicht nur um Geld. In letzter Konsequenz geht es um persönliche Freiheit und, zwar durch passives Einkommen.

Daraus folgt, dass es deine Aufgabe ist, immer und überall und bei jeder sich bietenden Gelegenheit mit anderen Menschen über das Thema Freiheit, persönliche Unabhängigkeit und den möglichen Ausstieg aus dem berühmt-berüchtigten Hamsterrad zu sprechen. Schüre jeden Tag dein inneres Feuer, so wie wir es auch tun. Führe nicht nur Präsentationen durch, sondern lass dein Gegenüber deine Begeisterung, deine Überzeugung vom großen Ganzen spüren.

Bedenke immer: Wenn du ausschließlich über Produkte sprichst, wirst du Kunden gewinnen. Wenn du über deine Geschäftsidee sprichst, wirst du Geschäftspartner gewinnen, aber wenn du über deine persönliche Vision von Freiheit und Unabhängigkeit sprichst, wirst du wahrhaftige Leader gewinnen, die dir folgen.

Von den drei Arten Networkern, nämlich den Kundengewinnern, Partnergewinnern und Dreambuildern, gehört die letztgenannte Gattung zu den Bestbezahlten der Branche.

Widerstand zwecklos: Mit maximaler Energie nach oben

(Von Claudia und Dennis Gombkötö)

Check-in und Boarding sind abgeschlossen. Wir ziehen deinen Network-Marketing-Jet jetzt in die Startposition auf das Rollfeld, während du über die Bordsprechanlage deine Gäste begrüßt und dich und deine Crew vorstellst. Du hast gute Laune, das hören die Passagiere. Kein Wunder, du hast soeben die Starterlaubnis vom Tower erhalten und bist bereit für deinen persönlichen Aufstieg im Network-Marketing. Also startest du die bis zum Rand mit Energie gefüllte Maschine. Die Turbinen rotieren und, du spürst die Kraft dieses Geschäftsmodells mit jeder Faser deines Körpers. Nie waren die Bedingungen besser als heute.

Und nun ist es endlich soweit: Löse die Bremsen. Lege den Gashebel um. Es geht los. In dieser Phase gilt es 100 Prozent zu geben, ansonsten hebt das Flugzeug nicht ab. Dein Network-Marketing-Jet setzt sich in Bewegung. Während du mit deinen Aktivitäten Fahrt aufnimmst, denkst du bei jedem Meter daran, wie auch Piloten der Luftfahrt jeglichen Widerständen trotzen und der Erdanziehung entgegenwirken, wenn sie die bis zu über 550 Tonnen schweren Metallvögel in die Lüfte heben. Auch du gibst immer mehr Schubkraft. Von Moment zu Moment wirst du schneller. Konzentriere dich weiter auf das Wesentliche. Ein letzter Blick auf dein Vision-Board. Nur noch wenige Sekunden. Und plötzlich – hebst du ab.

Herzlichen Glückwunsch. Du hast den Boden verlassen. Ein Traumstart. Wir freuen uns für dich. Schnell gewinnst du an Höhe. Und schon bald wirst du in den oberen Umlaufbahnen kreisen. Freue dich auf den herrlichen Ausblick und auf einen völlig neuen und unverbrauchten Blick auf die Dinge und auf die neue Freiheit. Sie lässt sich mit nichts vergleichen, was du erleben könntest, wenn du immer am Boden bleibst.

Nimm Verbindung zu den erfolgreichen Partnern oder Sidelines deiner Company auf und halte sie aufrecht, um möglichst viel Neues zu lernen. Wenn du keinen erfolgreichen Förderer hast, dann klettere in der Hierarchie so weit nach oben, bis du einen Mentor findest, der bereits dort ist, wo du hinmöchtest. Kontaktiere sie oder ihn mit diesen Worten:

„Hallo, hier ist Sowieso. Uns verbinden die großartigen Produkte unserer Company. Ich bin bei dir in der Downline und möchte gerne richtig durchstarten. Ich bin bereit, alle notwendigen Schritte zu gehen und zu arbeiten. Kannst du mir dabei helfen und mich unterstützen?"

In den meisten Fällen wirst du auf der anderen Leitung eine positive Antwort bekommen. Denn erfolgreiche Uplines haben auch mal klein angefangen und wissen Lern- und Arbeitsbereitschaft zu schätzen. Das sind genau die Eigenschaften, die sie sich wünschen. Nimm an Schulungen und Events teil und, zeige den Erfolgreichen stets deinen Willen, an die Spitze zu kommen. So baust du im Laufe der Zeit stabile Beziehungen zu erfolgreichen Menschen auf und lernst aus erster Hand, wie der Erfolg im Network-Marketing funktioniert.

„Höre nur auf Menschen, die dort sind, wo du hinwillst."

Und dieses Wissen kannst du dann auch gleich zur Anwendung bringen. Zum Beispiel bei der Aktivierung neuer Partner. Vielleicht hast du es selbst schon erlebt. Früher oder später macht jeder Networker damit Erfahrungen: Du hast einen neuen Partner eingeschrieben. Und plötzlich hörst du nichts mehr von ihm. Funkstille. Oder Vertröstungen. Woran kann das liegen?

Wenn neue Partner in eine solche Starre verfallen, dann ist ein häufiger Grund dafür, dass ihnen wesentliche Informationen fehlen. Das könnte sich so äußern:

1. Der neue Partner hat Angst, die ersten Schritte zu gehen. *(85 Prozent der Menschen erreichen ihre Ziele nicht, weil sie Angst haben.)*

2. Der neue Partner ist nicht hunderrt-prozentig von der Geschäftsmöglichkeit oder den Produkten überzeugt.

Genau genommen bedeutet das, dass diese Gründe oder der akute Mangel an wichtigen Informationen deinen neuen Partner davon abhalten könnten, eine Namensliste zu schreiben und richtig loszulegen und Menschen zu Produkt- oder Businesspräsentationen einzuladen.

Nun bist du an der Reihe. Erkläre deinem Protegé, dass er weder Erfinder noch Produktentwickler sein muss und auch keinen eigenen Marketingplan erstellen muss. Erkläre, dass es außerdem nicht erforderlich ist, rechtlich abgesicherte Verträge zu gestalten oder eine Qualitätssicherung aufzubauen. Das unterscheidet unser Business vom klassischen Handel. Wir müssen das Rad nicht neu erfinden. Network-Marketing ist genauso einfach wie Laufen lernen. Man muss es tun, um es zu können.

Benötigt werden für den Job lediglich Laptop, Internetverbindung und Handy, um das Geschäft ans Laufen zu bringen. Denn alles andere ist schon fertig. Der neue Partner muss eigentlich nur die Dinge umsetzen, die du selbst schon lange tust und nun an ihn überträgst, um dich zu duplizieren. Manche Menschen können es kaum glauben, dass es tatsächlich so einfach sein soll. Deswegen ist es so wichtig, dass du ihnen nachvollziehbar erklärst, wie das Business funktioniert. Nutze dazu auch die technischen Möglichkeiten, die heutzutage jedem zur Verfügung stehen.

Während noch immer viele Network-Marketer stundenlang in Einzelsitzungen mit neuen Partnern vis-à-vis Informationen austauschen und gebetsmühlenartig Motivationstexte herunterbeten, kannst du die Zeit sparen und deinen neuen Partner und alle anderen nach ihm zum Beispiel zu einem automatisierten Info-Webinar einladen oder andere Standardwerkzeuge verwenden, zum Beispiel vorgefertigte Videos oder Video- Konferenzen. Natürlich lassen sich die wesentlichen Infos auch in einer Mail zusammenfassen und mit einer knackigen Motivationsrede an den neuen Partner weiterleiten, sodass dieser sich gut und gerne auf seine neue Tätigkeit vorbereiten kann.

Beachte dabei, dass gerade am Anfang die Motivation nicht zu kurz kommen darf.
Etwa achtzig Prozent Motivation sollten zwanzig Prozent Fachinhalten gegenüberstehen. Achte darauf, deine Frontline zu aktivieren, indem du die ersten Schritte erklärst und dann noch einmal zusammenfasst, damit der neue Partner sie realisiert.
So könnte deine Partner-Mail oder deine standardisierte Start-Information strukturiert sein:

1. Begrüßungsanschreiben
2. Motivationsteil
3. Die ersten Schritte
4. Motivationsteil - Teil II
5. Die ersten Schritte - Teil II

Damit du nun ein besseres, Verständnis bekommst, wie Onboarding funktioniert, wie du also künftige Partner gewinnen kannst, hier ein fiktives Beispiel, wie sich ein Anschreiben gestalten lässt.

Betreff: *Herzlich willkommen: Dein Start in unserer Firma.*

Hallo Vorname,
wir freuen uns über deine Entscheidung, unser Team zu verstärken. Bei uns bist du goldrichtig. Wir werden alles geben, um dich zügig einzuarbeiten und dich in unsere Welt einzuführen, sodass du schon in absehbarer Zeit deine ersten größeren Erfolge feiern kannst.

Dazu benötigst du die richtigen Werkzeuge. Was für den Koch Töpfe, Herd und Messer sind und für die Friseurin Schere, Kamm und Waschbecken, werden für dich nun Laptop, Handy und viel, viel Wissen sein. Du wirst zunächst lernen und verstehen. Und dein erworbenes Wissen dann weitergeben und andere aufbauen.

Sieh dir die Inhalte an, konzentriere dich darauf, zu verstehen, was künftig deine Aufgaben sein werden. Arbeite dich ins Thema ein. Nimm dir die Zeit dafür. Inhaliere unsere Hinweise und setze dich in Bewegung. Gehe die ersten Schritte auf dein Ziel zu.

Wenn du Fragen hast oder gedanklich hängst, dann melde dich gerne bei uns. Ruf mich einfach an. Ich bin unter folgender Telefonnummer erreichbar: xxxx.xxxxxxx. Oder schreibe mir gerne auch eine Mail.

Teil 1
Hier findest Du noch einmal den Link zum Video unserer Company, das wir auf der letzten Convention gedreht haben:

Link

Teil 2
Für deinen erfolgreichen Start ist es unbedingt notwendig, dass du dir die folgenden Formulare herunterlädst und ausfüllst.
a) Dein Kontaktpotenzial:

Link (hier wird ein Dokument mit einer Blanko-Namensliste inklusive Beschreibung hinterlegt, das vom neuen Partner ausgefüllt wird.)

Schreibe alle Menschen auf, die du kennst. Diese Liste gehört nur dir allein und zeigt uns dein persönliches Kontaktpotenzial.

b) Deine Ziele

Link (hier findet der neue Partner ein Formular zur Zielfindung.)
Nur wenn du Ziele hast und an sie glaubst, wirst du erfolgreich werden. Nimm diese Aufgabe besonders ernst und präzisiere deine Ziele.

c) Dein Zeitfinder

Link (hier hinterlegst du einen Wochenplan, in den dein neuer Partner seine festen Termine und Arbeitszeiten eintragen kann.)

Zuletzt noch dein Zeitfinder. Drucke ihn aus und trage alle festen Termine und Arbeitszeiten ein. Damit können wir dein Zeitpotenzial planen und das Maximum aus deiner Zeit herausholen, um schnellstmöglich Erfolge feiern zu können.

Teil 3
Hier findest du noch einmal ein paar wirklich motivierende Videos und Audiodateien, in denen unsere höchsten Führungskräfte über das Geschäft sprechen. Sieh dir alles genau an, dann erfährst du unglaublich wichtige Aspekte über deine neue Tätigkeit:

Link 1 (motivierender Inhalt jeglicher Art)
Link 2 (motivierender Inhalt jeglicher Art)
Link 3 (motivierender Inhalt jeglicher Art)
Link 4 (motivierender Inhalt jeglicher Art)

Teil 4:
Du hast es fast geschafft.
Denk bitte daran, die Formulare im Hinblick auf die Punkte Kontaktpotenzial, Ziele und Zeitfinder auszufüllen und beim nächsten Mal mitzubringen. Das ist wichtig.
Wie gesagt: Wenn du Fragen hast, bin ich jederzeit für dich erreichbar.

Ich rufe dich morgen an, damit wir einen Termin für das nächste Meeting vereinbaren können.

Dein Vorname

PS: Ein netter persönlicher Gruß

Bitte beachte: Diese Mail stellt lediglich einen Rahmen fürs Onboarding dar. Im Network-Marketing sprichst du mit vielen Menschen, die du für das Business begeisterst, mit denen du über Produkte, über Wünsche, Träume und Visionen sprichst. Deine Aufgabe ist es, zu kommunizieren. Schriftlich, in Calls und natürlich persönlich. Bleibe jederzeit authentisch.

Passe diese Mail und alle Ansprachen auf deine eigene Tonalität, auf deine Ausdrucksweise an. Und passe sie natürlich auch auf die Bedürfnisse deiner Empfänger an. Nimm sie ernst und nimm sie mit. Motiviere sie. Achte auf die richtigen Formulierungen in der Mail. Behalte deinen Sprachwitz, wenn das zu deinem Habitus gehört. Drücke dich, elegant bei, „deinen Leuten“ aus, wenn sie das von dir gewohnt sind. Sprich umgangssprachlich und leicht verständlich, wenn es die Situation erfordert.

Wenn du mit Menschen mit elitärem Hintergrund kommunizierst, klingt “Kontaktpotenzial” in deren Ohren unter Umständen besser als Namensliste und „Zeitfinder“ besser als Wochenplan.

Am Ende müssen die Worte aber immer zu dir und deinem Stil passen. Wenn du diesen Standard gesetzt hast, geht es weiter im Text: Sorge dann dafür, dass auch deine Partner den richtigen Umgang mit ihren Partnern lernen. Vermittle ihnen dein Wissen und stelle ihnen dein Knowhow zur Verfügung. In Summe kann dein Team so eine Menge Zeit sparen und zu Höchstleistungen auflaufen.

New Business über den Wolken: Vom Teilnehmer zum Organisator

(Von Dennis Gombkötö)

Du hast bereits eine ordentliche Strecke hinter dich gebracht und, weil du vieles richtig machst, wächst auch dein Team mit hoher Geschwindigkeit. Im Cockpit deines Network-Marketing-Fliegers kümmern sich bereits deine Co-Piloten darum, den Kurs zu halten. Das gibt dir die Freiheit, nach neuen Co-Piloten Ausschau zu halten, also aus weiteren Produktnutzern Geschäftspartner zu machen. Dazu begibst du dich in den Passagierraum. Mit dabei hast du - wie sollte es anders sein - eure Produkte. Diese Runde geht auf den Captain. Denn guten Freunden gibt man gerne einen aus. Die Stimmung ist gelassen.

Der perfekte Zeitpunkt also, um den Teilnehmer-Status gegen die Rolle des Organisators einzutauschen und dein eigenes Event zu realisieren. Hier und jetzt. Du stellst deinen Gästen die wesentlichen Vorteile in Aussicht, die auf sie zukommen, wenn sie sich für eine Geschäftspartnerschaft mit dir entscheiden. Du sprühst vor Feuer, während du über das Business sprichst. Denn du spürst die Power des Momentums. Du erklärst den Passagieren, wie sie selbst Freunde zu Events einladen können und wie durch Network-Marketing neue Einnahmequellen erschlossen werden. Eine Mischung aus eigener Begeisterung und gehaltvollen Informationen erreicht deine Zuhörer. Die Leistungsfähigkeit der Milliarden-Branche Network-Marketing zieht sie in ihren Bann.

“Nehmt gemeinsam den Spirit der Events auf”, empfiehlst du ihnen. Und führst weiter aus: “Inhaliert den Erfolg der Leader, die vorn auf der Bühne stehen und ihre Erfahrungen mit euch teilen. Zuhören, verstehen aber auch kritisch hinterfragen und diskutieren ist im Network-Marketing nicht nur erlaubt, sondern erwünscht". Als du mit deiner Rede fertig bist, spenden dir deine Gäste Beifall. Viele von ihnen wollen nun deine Co-Piloten werden. Damit gelingt dir heute etwas, was du vor einiger Zeit noch für unmöglich gehalten hast. Du sammelst eine Anmeldung nach der anderen ein. Natürlich. Auch deine Gäste wollen sich zu körperlicher Gesundheit und finanzieller Freiheit weiterentwickeln. Und Wachstum findet nun mal außerhalb der Komfortzone statt.

"Deine innere Welt kreiert deine äußere Welt. Das, was du denkst, wirst du."

Wenn du diesen Leitspruch lebst, dir selbst vertraust und stets umsetzt, was du dir vorstellst und was für dein Geschäft förderlich ist, dann wächst du immer stärker in die Rolle des Förderers. Mehrere tausend Kilometer hat dein Network-Marketing-Flieger bereits zurückgelegt. Mit jeder Flugminute näherst du dich weiter deinem persönlichen Ziel. Um deine Gäste zu aktivieren, könntest du ihnen eine Kontakt-Challenge vorschlagen, bei der es darum geht, mögliche Interessenten anzusprechen und ihnen die Produkte vorzustellen. Da du es drauf hast, Leute mitzureißen, ist nicht viel Überzeugungsarbeit notwendig. Der Spaß steht heute im Vordergrund. Deine Gäste wählen sich mit ihren Smartphones ins Bordnetz ein und kontaktieren Freunde und Bekannte, um ihnen von ihrer Reise mit dir zu berichten. Dabei fällt dir auf, dass jeder, der an der Challenge teilnimmt, dieselben Voraussetzungen hat wie alle anderen auch. Jeder kann gewinnen, wenn die persönliche Einstellung stimmt. Deine Erkenntnis fasst du noch einmal zusammen: "Die am besten bezahlte Fähigkeit im Network-Marketing ist es, das Endergebnis bereits zu fühlen, wenn ihr startet. Ihr müsst euch vorstellen können, wie es ist, wenn ihr das Ziel erreicht habt. Und wenn ihr diese Challenge gewinnt."

Momentum im Cockpit

(Von Claudia Gombkötö)

Während die Passagiere deine Challenge angenommen haben und ihre Verbindungen nutzen, um Familie und Freunde zu kontaktieren, begibst du dich wieder nach vorne ins Cockpit. "Was ist denn hier los?", fragst du dein Team. Die Co-Piloten sitzen mit steinerner Miene in ihren Sitzen. Sie haben den Autopiloten eingeschaltet. Er steuert deinen Network-Marketing-Flieger zuverlässig entlang der geplanten Flugroute.

Einer von ihnen sagt: "Wir sind nun schon so lange unterwegs und sehen nur Himmel, einige andere Flieger und die Erde, das ist viel und gleichzeitig nichts." Daraufhin ein anderer: "Ja, als wir noch am Boden waren, hatten wir ständig etwas zu tun."

Darauf antwortest du ihnen: "Mehr Zeit für sich zu haben, wünscht sich jeder. Doch der Umgang damit will gelernt sein. Jetzt passiert etwas mit euch, was mit jedem Menschen passiert, wenn Zeitdruck und finanzielle Anspannungen gleichzeitig abfallen. Nun werden viele Dinge tatsächlich möglich, von denen ihr früher nur geträumt habt. Nun müsst ihr lernen, mit einer neuen Herausforderung umzugehen: mit der Freiheit."

Dein Team möchte mehr erfahren. Du setzt dich neben deine Leute und sprichst weiter: "Euer Leben wird sich weiter und von Grund auf verändern. Das steht fest. Weil ihr nicht mehr fremdgesteuert seid, sondern eigene Entscheidungen trefft, entstehen dadurch andere Ergebnisse. Ihr könnt eure Zeit frei einteilen und zum Beispiel ein Buch zu einer Tageszeit lesen, in der ihr früher beruflich eingespannt wart. Ihr könnt euer Geschäft weiter voranbringen oder Urlaub machen. Ihr könnt die Welt sehen und euch mit den schönen Dingen beschäftigen, die euch schon immer interessiert haben. Das ist der ultimative Traum von Freiheit und Selbstbestimmung.

Den auch wirklich zu leben, ist ganz schön schwierig, wenn Menschen sich zwanzig, vierzig oder sechzig Jahre unterordnen mussten und vorgeschrieben bekamen, Dinge zu tun oder zu lassen.
Natürlich treffen hier zwei Welten aufeinander. Wenn ihr bei uns aufgestiegen seid, könnt ihr euch viel mehr erlauben als früher.

Im Network-Marketing habt ihr es mit vielen Menschen zu tun – sehr viele von ihnen sind sehr fleißig. Das Geschäft ist schnelllebig – viele neue Kontakte in kurzer Zeit. Der Zusammenhang zwischen Zeit und Leistung hebt sich immer mehr auf. Künftig werdet ihr nicht mehr an der Zeit gemessen, die ihr an einem Ort verbringt, sondern an den Leistungen, die ihr erbringt. Egal, wo ihr sie erbringt. Eure Leistung könnt ihr auf eurem Scheck ablesen und bekommt, wenn ihr zu den Besten gehört, regelmäßig Applaus.

Finanziell und zeitlich ungebunden zu sein, gehört heutzutage definitiv nicht zur Normalität. Ihr schert mit eurem Aufstieg im Network-Marketing aus bestehenden Systemen aus, in denen für gewöhnlich Zeit gegen Geld getauscht wird. Wenn ihr euch mit eurer neuen Freiheit wohlfühlen wollt, dann müsst ihr das Denken neu lernen.

Freie Zeiteinteilung ist ein Geschenk. Freie Zeit genießen zu können, eine Kunst.

Zum neuen Mindset gehört auch gelebte Dankbarkeit. Es gibt viele Anlässe, sich erkenntlich zu zeigen und Dinge zurückzugeben. Unterstützt andere Menschen. Das macht ihr im Network-Marketing ja nun ohnehin schon die ganze Zeit. Davon profitiert ihr finanziell. Eine andere Form der Vergütung genießt ihr, wenn Ihr anderen Menschen bedingungslos helft. Menschen zu helfen, die euch eure Hilfe niemals finanziell vergüten können, hat etwas Erfüllendes. Dabei spielt es keine Rolle, ob ihr ein Kinderheim in Afrika unterstützt, ob ihr euch für Kranke oder Menschen ohne Obdach einsetzt und ihnen Dinge ermöglicht, die ihnen ein Lächeln auf die Lippen zaubern.

Einem deiner Co-Piloten rinnt eine Träne über die Wange. Er schaltet den Autopiloten aus und nimmt das Steuer wieder selbst in die Hand. Die anderen lächeln. Sie haben es verstanden.

Die Schubkraft deines Momentums ist enorm. Mithilfe des Sinnbilds Flugzeug erklärst du deinen Co-Piloten nun, was Momentum im Network-Marketing bedeutet: Einen Flieger auf Flughöhe zu bringen, kostet ungeheure Energie. Doch wenn er erst einmal dort oben angekommen ist, verbraucht er pro Personenkilometer kaum mehr Treibstoff als ein sparsamer Kleinwagen, obwohl er um ein Vielfaches schneller ist.

Auch im Network-Marketing ist es so: Anfänger befinden sich am Boden und warten auf die Starterlaubnis vom Förderer. Sie geben Gas. Jetzt den Schubregler zurückzunehmen, wäre ein fataler Fehler. Bitte weiterhin volle Kraft auf die Triebwerke, um abzuheben und auf gewünschte Flughöhe zu kommen. Und dann, wenn ihr es geschafft habt, habt ihr gewonnen. Jetzt könnt ihr auch einmal die Winde und Auftriebe nutzen und bleibt mit deutlich weniger Energieverbrauch oben.

Nun kannst du deine Fähigkeiten weiter kultivieren, neue Skills erwerben, Menschen bewegen und Partner führen. Zeige ihnen, wie sie das wiederholen und umsetzen, was du ihnen vorlebst. Dabei musst du aufpassen, dass du nicht am sogenannten „Manager-Syndrom" erkrankst.

Die Betroffenen glauben bereits mitten im Momentum, sie hätten es geschafft und müssten ab hier nur noch führen, organisieren und verwalten, statt den Job selbst zu erledigen. Damit vermitteln sie dem Team den Eindruck von Passivität, die sich im ungünstigen Fall auf das Team überträgt. Stattdessen aber solltest du weiterhin mit gutem Beispiel vorangehen und deinen Partnern, Kunden und Interessenten energiegeladen vorleben, wie es richtig geht. Verbundenheit mit dem eigenen Geschäft zu leben, ist nun wichtiger als jemals zuvor. Dadurch werden deine Partner es dir gleichtun und schnell, einfach und effektiv arbeiten. Mit diesem Turboschub dauert es nicht lange, bis du in die nächste Phase eintrittst.

Zwischenstopp "Social Media Islands": Erkundungstour fürs nächste Level

(Von Dennis Gombkötö)

Zwischenlandung auf den "Social Media Islands". Du, deine Crew und die Passagiere habt etwas Zeit, um euch die Beine zu vertreten und durchzuatmen, während die Maschine mit neuem Treibstoff betankt wird. Währenddessen kannst du über deine Webpräsenz nachdenken. Denn als Networker kommst du einfach nicht mehr daran vorbei, dich und deine Aktivitäten online zu präsentieren. Dafür stehen dir eine Vielzahl an Möglichkeiten zur Verfügung: die einschlägigen sozialen Netzwerke, Videoplattformen, Blogs, Foren und viele mehr.

Als Network-Marketer wirst du zum Bauherrn im virtuellen Raum. Stell dir vor, dass das Internet eine riesige Stadt wäre. So wie deine Freunde über unterschiedliche Wege zu dir nach Hause gelangen können, so findet deine Zielgruppe auch im Netz auf unterschiedliche Weise zu dir. Es geht um Attraction. Weil die Infrastruktur schon da ist, musst du dich nur entscheiden, mit welchen Instrumenten du arbeiten möchtest. Du brauchst weder Webdesigner noch Programmierer zu sein. Arbeite mit den zur Verfügung stehenden Ressourcen, also mit den kostenlosen sozialen Netzwerken, mit Facebook, YouTube, Instagram, Twitter und Co. Welcher Kanal zu dir und deinem Team passt, kannst du selbst entscheiden.

Wir im Move Club bedienen alle möglichen Kanäle. Hol dir Inspiration bei deinem Förderer. Versäume aber auch nicht, dich bei deiner Downline zu informieren. Bei uns im Team sind zum Beispiel Partner mit der Hilfe von Social Media innerhalb von sechs Monaten in die höchste Position aufgestiegen. Von ihnen lernen wir sehr viel. Nicht nur die Downline lernt von der Upline, sondern auch umgekehrt.

Social Media bietet die Möglichkeit, sich in einem bereits bestehenden Netzwerk von Milliarden Menschen mit Gleichgesinnten zu verbinden und ist damit der ultimative Life-Changer für jeden Networker. Die Ausreden: „Ich kenne niemanden." oder: "Ich weiß nicht, mit wem ich reden soll." gehören also der Vergangenheit an.

Wenn du dein Profil für dein Network-Marketing-Business nutzen möchtest, dann zeige Persönlichkeit. Immerhin bist du online dort 24/7 für immer neue Kontakte verfügbar. Dein Profil funktioniert wie eine ständige Vertretung, wie ein Mitarbeiter, der dich repräsentiert, während du im Urlaub am Strand liegst, wenn du mit deinen Kindern spielst oder dich mit deinen Freunden triffst.

Ein wichtiger Hinweis an dieser Stelle: Kopiere niemanden, sondern bleibe du selbst. Es gibt dich nur einmal auf der Welt. Du bist schon eine Marke, erhöhe deinen Wert, indem du dich authentisch präsentierst - so wie du bist. Das macht dich sympathisch und anziehend für neue Kontakte. Sei ein gutes Testimonial und repräsentiere deine "neue Lebensart". Leg deine Furcht vor kritischen Stimmen ab und, zerdenke nicht alles. Finde dich gut und, zeige geradlinig, wer du bist.

Deine eigene Challenge: Wer dich im Real Life trifft, sollte meinen, er würde dich schon lange kennen. Dann hast du alles richtig gemacht. Und dann ist Storytelling natürlich eine wesentliche Komponente. Erzähle deine eigene Geschichte. Bleibe nicht länger irgendwer. Werde ein Jemand. Jemand, über den man sich unterhält, mit dem man sich gerne umgibt und dem man zuhört. Dein Schlüssel in die Herzen neuer Interessenten. Gib ihnen einen guten Grund, dir zuzuhören.

Anstatt nur über deine Produkte zu philosophieren, erzähle deinem Gegenüber eine interessante Geschichte, die ihn dann letztendlich zu den Produkten führt.

Auch deshalb solltest du auf allen Kanälen und in allen Profilen alle Felder ausfüllen. Gib deinen Besuchern die Möglichkeit, dich richtig kennenzulernen. Lasse nichts aus: Vom Lieblingszitat über die Lieblingsfilme bis hin zum Beruf sollten deinen Profilbesuchern restlos alle Informationen über dich angeboten werden. Das schafft Bindung und Vertrauen.

Garniere dein Profil mit interessanten persönlichen Bildern. Du hast den Kilimandscharo bestiegen? Dann zeig das den Leuten. Du bist unterwegs auf einem Incentive-Trip? Zeig her. Du genießt nach den ersten großen Erfolgen deinen Urlaub oder bist unterwegs mit Teampartnern? Auch das ist ein guter Zugang, um mit deinem Netzwerk zu interagieren. Verknüpfe deine Kanäle. Auch dadurch kannst du Zeit sparen. Ein einmal gesendeter Beitrag erscheint dann in verschiedenen sozialen Medien gleichzeitig.

Ziehe alle Register. Verlinke mit deiner Produktseite oder deinem persönlichen Blog. Räume dem Profil-Besucher die Möglichkeit ein, mehr über dich zu erfahren. Vermeide es aber, Leute mit klassischer Werbung zu belästigen. Das ist nicht dein Geschäftsfeld.

Achte auf die Aktualität deiner Inhalte. Die interessantesten Beiträge nützen nichts, wenn sie monatelang in der Vergangenheit liegen. Das vermittelt dem Besucher, dass du nur noch selten hier vorbeischaust. Regelmäßigkeit schafft Vertrauen.

So erreichen deine Ideen und Impulse Menschen in den sozialen

Netzwerken, denen du im echten Leben wahrscheinlich nie begegnet wärst. Wenn dein Konzept plausibel für sie klingt, deine Ideen gut sind und deine Vision groß, dann nehmen sie Kontakt zu dir auf. Damit hast du bestehende Ressourcen sinnvoll genutzt. Deine Social-Media-Aktivitäten wirken im Netz und stehen so lange zur Verfügung, wie du das möchtest. Du selbst multiplizierst dich durch sie.

Für Fortgeschrittene: Ermutige deine Partner - gerade wenn sie besonders social-media-affin sind, gemeinsam mit dir geeignete Sende-Formate zu entwickeln, regelmäßige Video-Updates. Denkt über wiederkehrende "Sendungen" im Livestream nach und probiert euch aus und seid immer wieder kreativ. Im Network-Marketing heißt es: "Duplikation ist nicht Gleichheit, sondern Einfachheit."

Weiterflug nach "Was wäre wenn"
(Von Dennis Gombkötö)

Du hast den Flieger inzwischen wieder auf Flughöhe gebracht. Die Pause hat allen gutgetan. Während der Auftankzeit haben Crewmitglieder an Bord übrigens einen blinden Passagier entdeckt: einen Traumdieb, einen Energievampir. Und da wir uns beim Aufstieg zum Network-Marketing-Professional keine mentale Ansteckungsgefahr leisten können, muss er sich nun ein anderes Transportmittel auf den Social Media Islands suchen. Robin Sharma sagt, dass dein Umfeld zu 171 Prozent deine Zukunft bestimmt. Noch einmal: „Who you spend time with is who you become."

Dein Co-Pilot hat das Steuer übernommen. Somit hast du Zeit, um noch mal nach hinten zu deinen Passagieren zu gehen und mit ihnen in Träumen zu schwelgen. Erzähle ihnen vom Vision-Board und lade sie ein, eine eigene Schatzkarte zu kreieren. Während du ihnen den Sinn und Zweck erklärst, kannst du abgleichen, ob du selbst noch auf dem richtigen Weg bist.

"You must have a why that makes you cry."

Erkläre deinen Passagieren, dass sich das menschliche mentale Navigationssystem mit einem Kompass vergleichen lässt. Durch metallische Störquellen können auf dem Orientierungsgerät Anzeigefehler auftreten. Ähnlich werden auch menschliche, Denkbahnen gestört, wenn äußere (negative) Einflüsse zu stark sind. Das erklärt auch, warum Menschen nicht aufschreiben, was sie wirklich wollen. Dahinter steht die Angst vorm Scheitern. Der Energieräuber, der vorhin noch an Bord war, hätte

Ängste schüren und dem Team womöglich weismachen können, dass ihre Bemühungen nutzlos seien und sie es deswegen gleich von Anfang an lassen könnten. Networker, die erfolgreich werden möchten und, diejenigen, die es bereits geschafft haben, kennen die Tücken falscher Glaubenssätze. Einerseits halten sie alles für möglich. Andererseits halten sie sich von allem fern, was ihnen nicht guttut. Sie füllen ihren Geist mit positiven Eindrücken und mit allem, was sie weiterbringt. Ansonsten können sie ihre Arbeit nicht einhundert-prozentig erledigen.

Das gilt auch oder gerade für die Bereiche "Beziehungen" und "Umfeld". Es ist sinnvoll, abzuwägen, in wen man Zeit und Energie investiert: Lohnt es sich? Was bekommt man von der Person zurück?

Fordere deine Gäste auf, sich ein Beispiel an der Elite zu nehmen und Nachteil und Missgunst den Rücken zu kehren. Stattdessen sollen sie sich besser aufs Network-Marketing, auf Freude und echte Freunde konzentrieren. Lass sie träumen, so wie du selbst geträumt hast: von wirklich großen (und vermeintlich unerreichbaren) Zielen.

Inspiriere sie mit Fragen und Vorstellungen:

Würden Zeit und Geld keine Rolle spielen, wie würde ich dann gern leben?

Wer bin ich in zehn Jahren?

Wo genau will ich hin?

Was ist mein Ziel?

Was will ich haben?

Was will ich verdienen?

Wo will ich wohnen?

Wer will ich sein?

Was sollen die Leute über mich sagen, wenn ich nicht mehr bin?

Bis zum wiederkehrenden Einkommen: Viel Arbeit an Bord

(Von Claudia Gombkötö)

Einer deiner Passagiere stellt dir eine pikante Frage: “Wie komme ich zum passiven Einkommen?”

Und so kannst du antworten: “Ohne Fleiß, kein Preis. Wer erfolgreich werden möchte, muss erst einmal viel Zeit und Mühe investieren. Auch ich habe hart gearbeitet und arbeite auch heute noch hart - wenn auch auf einem anderen Niveau und mit anderen Aufgaben. Dabei verschwimmen die Grenzen zwischen Freizeit und Arbeit, zwischen Büro und zu Hause, zwischen Woche und Wochenende.

Ich habe mein Hobby zum Beruf gemacht und, du kannst das auch. Das Geld beginnt erst zu fließen, wenn es aktiviert wird. Ein passender Slogan dazu lautet:

‚Fünf Jahre arbeiten, wie keiner will, um danach leben zu können, wie keiner kann.‘

Je größer dein aktives Zutun ist, desto höher auch die Wahrscheinlichkeit, dass du in naher Zukunft selbst mehrere Wochen und Monate nicht aktiv in deinem Geschäft arbeiten musst, wenn du es nicht willst, dir aber trotzdem Einkünfte aus deinem Netzwerk zufließen. Die Erfahrung zeigt, dass du dich auch zukünftig passioniert um dein „Baby“ kümmern wirst. Denn Network-Marketing ist kein Job, sondern eine Art zu leben.“ Dein Passagier zeigt sich mit dieser Antwort einverstanden und nickt zufrieden.

Gute Aussichten: Nach Start und Aufbauphase fängt es dank Momentum an, so richtig Spaß zu machen. Denn dann stehen dein Einkommen und der damit verbundene Aufwand endlich im richtigen Verhältnis zueinander.

Während in der klassischen Arbeitswelt weiterhin Zeit gegen Geld getauscht wird - wobei der Zeiteinsatz stets linear bleibt und so über Jahrzehnte nur minimales Wachstum möglich ist -, hast du im Network am Anfang noch viel Zeit für wenig Geld investiert, doch schon bald kehrt sich dieses Verhältnis um.

Einerseits bist du nun selbst in der Lage, neue Potenziale abzuschätzen, andererseits findet die Multiplikation in deinem Team auch ohne dein Mitwirken statt. Nun kannst du selbst den Sprung in die wirklich hohen Positionen in deinem Bonusplan angehen. Hier eine Übersicht über die Indikatoren, die vorliegen, wenn du die Aufbauphase abgeschlossen und das Momentum erreicht hast:

1. Du weißt, wie das Geschäft funktioniert.
2. Deine Kommunikation bringt Menschen dazu, dir zu folgen und das zu tun, was sie erfolgreich macht.
3. Du bist in der Lage, Menschen zu führen und deine Arbeitsweise an die Partner weiterzugeben.
4. Du nutzt das System, das dir neues Einkommen und neue Partner bringt.
5. Du hast Schlüsselpersonen gefunden, die eigenverantwortlich arbeiten, das Geschäft selbstständig betreiben und als neue Führungskräfte dein Netzwerk mit tragen. Diese Menschen leben die Teamphilosophie und treiben ihr Business eigenständig voran. Sie sind deine zukünftigen Führungskräfte und verlässliche Partner, mit denen sich große Geschäfte aufbauen lassen.

Wenn du ein solches Team um dich herum versammelt hast, das mit dir den Weg an die Spitze gehen will, dann bist du bereit für die Phase Nummer Vier, die Phase des passiven - oder auch wiederkehrenden Einkommens. Um dort hinzugelangen, musst du die "kritische Masse" überwunden, also eine bestimmte Menge aktiver Partner bei dir im Team haben, die selbstständig, autark und unabhängig von deinem Zutun dieses Business betreiben.

Diese kritische Masse bezeichnet man auch als ***"Tipping Point"***. Zu diesem Phänomen gibt es übrigens ein gleichnamiges, interessantes Buch*, das wir sehr empfehlen können. Bei Erreichung dieses Tipping Points verändert sich dein Aufgabenprofil als Leader.

Während du in der Aufbauphase noch zu achtzig Prozent damit beschäftigt warst, neue Partner zu gewinnen und zu zwanzig Prozent damit, dein Team zu betreuen, kehrt sich das Verhältnis an dieser Stelle um. In deinem großen Netzwerk liegt das Verhältnis des Sponserns bei zwanzig Prozent und das der strategischen Aufgaben, Planung, Vision und Teambetreuung bei achtzig Prozent.

Das heißt, dass du dich um Teamentwicklung kümmerst und deine besten Partner zur Spitzenleistung bringst, damit ihr alle profitiert. Dein Ziel muss es sein, frei und selbstbestimmt zu leben und trotzdem die Kontrolle über deine Organisation zu behalten und, starke und nachhaltige Strukturen aufzubauen. In absehbarer Zeit werden deine Aktivitäten dazu führen, dass du das du zeitliche und finanzielle Freiheit genießen kannst und das ist ein unglaubliches Gefühl.

**Quelle: The Tipping Point: How Little Things Can Make a Big Difference (Malcom Gladwell)*

Ziel erreicht: Nach der Landung ist vor dem Abflug

(Von Dennis Gombkötö)

Die Anschnallzeichen leuchten auf. Das Ziel ist in Sicht. Heitere Stimmung an Bord. Du hast mit deinen Passagieren über den Einstieg ins Network-Marketing gesprochen, aus Interessenten Kunden gemacht und aus Kunden Geschäftspartner. Du hast dein Wissen über Duplikation und Multiplikation geteilt. Ihr habt erörtert, wie aus einem Team eine Organisation entsteht und wie aus hundert Partnern tausend werden.

Und nun wirst du im Cockpit erwartet. Deine Co-Piloten übergeben dir das Steuer. Und jetzt lenkst du deinen Network-Marketing-Flieger auf den Zielflughafen zu. Ein Blick auf dein Vision-Board. Und während du den Landeanflug vorbereitest, fliegen dir die Gedanken durch den Kopf: Produkte, Kontakte, Kunden. Du näherst dich der Landebahn. Und noch mehr Gedanken: Partner, Upline, Downline. Die Landebahn kommt immer näher. Leadership, Duplikation, Multiplikation.

Nur noch wenige Meter, bevor du deinen Network-Marketing-Flieger auf der Landebahn aufsetzt und die Bremsen die Maschine verlangsamen. Als dein Flieger zum Stehen kommt, hast du noch drei Worte im Kopf: Erfolg. Unabhängigkeit. Freiheit.

Applaus im Passagierraum. Die Turbinen kommen zum Stillstand. Du verabschiedest deine Gäste. Ihr werdet euch wiedersehen. Schon morgen.

Du nimmst deine Tasche und verlässt als Letzter die Maschine, die dich an dein Ziel gebracht hat. Stufe um Stufe schreitest du die Gangway hinunter. Als du auf dem Boden ankommst, ziehst du dein Vision-Board aus der Tasche. Du hast dein Ziel erreicht. Deiner Crew, aber auch dir, verdankst du, dass du nun hier stehst. Du bist angekommen. Eine Gänsehaut jagt die nächste. Du bist unfassbar glücklich. Nun weißt du, wie es funktioniert. Nun weißt du, was Network-Marketing ist.

Nach der Landung ist vor dem Abflug. Es wird Zeit, das nächste Vision-Board zu kreieren. Denn schon in Kürze wirst du mit deinem Team aufbrechen, um euren nächsten Traum zu verwirklichen. Und du weißt jetzt mit Sicherheit, dass alles, aber auch wirklich alles möglich werden kann mit diesem Business.
Alles ist möglich mit Network-Marketing.

V. Dankbarkeit

Wir

Network-Marketing & Family - The perfect Match

(Von Dennis und Claudia Gombkötö)

Erinnerst du dich noch ans Vorwort? An den besagten Elternabend, nach dem die Lehrerin auf uns zukam mit den Worten: "Herr Gombkötö, ich muss Sie jetzt doch mal was Persönliches fragen." Und ich sagte: Gern, tun Sie sich keinen Zwang an." Daraufhin die Lehrerin: "Ich habe vor kurzem Ihren Jungen gefragt, was Sie beruflich machen und, ihr Junge sagte 'Früher war mein Papa Zahnarzt.' Und dann habe ich ihn gefragt: "Und was arbeitet er heute?"

Und da sagt der kleine Kerl doch tatsächlich zu seiner Lehrerin: "Heute ist er mein Papa".

Dieser Effekt ist die Quintessenz und bringt auf den Punkt, wie sich Network-Marketing auf das Familienleben auswirken kann, wenn man bewusst und fleißig darauf hinarbeitet.

Und hier ein letztes Bild: Stell dir vor, du wirfst einen Stein ins Wasser. Das löst Wellen aus. Viele Ringe bauen sich umeinander herum auf und bewegen sich nach außen. Und das passiert auch in "Network-Marketing-Familien".
Familie und Arbeit schließen sich nicht aus, im Gegenteil: Sie passen perfekt zusammen.

Im Kern beginnt alles mit der Beziehung zum Lebenspartner. Wenn ihr privat ein gutes Team seid, dann weitet sich diese Partnerschaft zu einer Geschäftsbeziehung aus. Das wird euch guttun. Denn wenn ihr im Network-Marketing aktiv seid, verbringt ihr automatisch mehr Zeit miteinander. Ihr schaut in dieselbe Richtung, habt dieselben Ziele und bewegt euch wie die Ringe im Wasser gemeinsam dorthin. Das führt zu einer noch innigeren Verbindung und Partnerschaft.

Springen wir weiter zum nächsten Ring. Wenn Kinder ins Spiel kommen, dann bedeutet Network-Marketing in Vollzeit einfach, auch mehr Zeit für eure Kinder zu haben, mehr Zeit und Flexibilität für euer Familienleben. Besonders spannend ist, dass eure Kinder von eurer neuen Denkweise profitieren. Leadership und der Aufbau eines positiven Mindsets helfen euch dabei, eure Kinder zu fördern, ihnen zu zeigen, wie leicht es ist, den eigenen Geist mit positiven Eindrücken zu füllen. Sie lernen, aktiv Freude zu empfinden – und zwar von innen heraus, also nicht (nur) durch materielle Güter. Auch das beflügelt das Familienleben. Wir fragen unsere Kinder zum Beispiel jeden Abend, wenn wir sie zu Bett bringen, nach drei Dingen, die ihnen heute besonders gut gelungen sind. So entsteht und festigt sich schon sehr früh eine positive Lebenseinstellung. Unsere Kinder schlafen motiviert ein und, vor allem stehen sie am nächsten Morgen auch ebenso motiviert wieder auf.

Sich kollektiv aktiv auf den Erfolg zu besinnen, gehört in unseren Breitengraden noch nicht zur Normalität. Doch genau das sollten Familien tun. Die gemeinsame Weiterentwicklung anzustreben, ist das Erfolgsrezept für den familiären Zusammenhalt.

Kommen wir zum nächsten Ring. Wenn die Kinder gut versorgt sind, geht es weiter mit den eigenen Eltern. Wenn man erfolgreich ist im Network-Marketing, hat man mehr Möglichkeiten, die Eltern zu unterstützen – sei es finanziell oder zeitlich. Das ist natürlich ein großer Treiber, ein großes Warum für viele. Umgekehrt sorgt eine gute Beziehung zu den Eltern auch dafür, dass sie sich um die Enkel kümmern, wenn für euch Veranstaltungen anstehen.

Es ist keineswegs abwegig – ganz im Gegenteil: In jeder Hinsicht sollte das Ziel sein, eure Familie mit ins Business zu integrieren. Bei uns zum Beispiel generieren neunzig Prozent unserer Familienmitglieder ein Zusatzeinkommen mit dem Network-Marketing.

Zu unseren Geschäftspartnern gehören sowohl unsere Eltern als auch unsere Geschwister. Unsere Familie verdient monatlich sechsstellig. Bei uns ist es ganz anders als in den meisten Familien – Geld, Business und gemeinsame Interessen und Ziele sind bei uns sehr wohl Themen. Wir können zusammen in den Urlaub fliegen, wann und wohin wir wollen. Das ist ein wunderbares Gefühl.

Wenn wir Zeit miteinander verbringen, entwickeln wir nicht selten auch neue Ideen und schmieden Zukunftspläne, was zu einer enormen Dynamik und damit auch zu Zufriedenheit und Einklang führt. Unsere Eltern sind im Rentenalter und dennoch aktiver als manche Zwanzigjährige. Sie wollen immer noch die Welt sehen und erfüllen sich diesen Wunsch regelmäßig. Sie bereisen Städte und genießen ihr Leben in vollen Zügen. Sie sind immer noch hungrig auf die nächsthöheren Positionen im Unternehmen. Sie haben Ziele und Visionen. Sie sind gesund und munter. Was gibt es Schöneres im Leben?

Immer wieder hört man davon oder sieht, dass in Familien der komplette Stillstand eingesetzt hat. Oft sind das Familien in herkömmlichen Strukturen, deren Mitglieder im Angestelltenverhältnis sind. Und weil Langeweile, Eintönigkeit und Monotonie ihren Tribut fordern, erwarten und machen die Mitglieder solcher Familien keine großen Sprünge mehr. Dabei ist der Weg frei, du musst, dich mit deinen Lieben nur auf den

Weg in Richtung "Network-Marketing-Family" machen. Es gibt so viel zu entdecken: Du stärkst deine eigene Persönlichkeit, hast Zeit für deine Kinder und das Geld in der Tasche, um das Leben zu genießen - nicht in vollen Zügen, sondern in komfortablen Jets.

Euch verbinden gemeinsame Interessen und Themen. Ihr seid frei und könnt euch bewegen, wohin ihr wollt. Den Begriff Unzufriedenheit kannst du aus deinem Sprachgebrauch streichen. Stattdessen tritt Ausgeglichenheit, Freude und Glücksempfinden in Reinform in dein Leben.

Der Bund fürs Leben wird durchs Network-Marketing getragen. Deine Familie gibt dir ein direktes und ehrliches Feedback, das auf gewachsenem Vertrauen basiert. Das sind Voraussetzungen, die dir auch der beste Arbeitgeber nicht oder nur eingeschränkt bieten kann.

Wir glauben, dass es gut wäre, wenn sich Familien wie Firmen organisieren und private und berufliche Interessen gemeinsam verfolgen würden. Viele Paare würden sich vermutlich nicht so schnell aus den Augen verlieren und, vielleicht würde sogar die Scheidungsrate sinken, wenn die Familien so eng zusammenarbeiten würden, wie wir es tun.

Kurz: Wir sind felsenfest davon überzeugt, dass es kein anderes Arbeitsprofil und Geschäftsmodell gibt, das Arbeit und Privatleben auf eine derart harmonische Weise verbindet wie das Network-Marketing.

Dankeschön vom Dreambuilder-Couple

(Von Claudia und Dennis Gombkötö)

Menschen, die das erste Mal von Network-Marketing hören oder lesen – von den Vorzügen des unabhängigen Schaffens, von den Reichen und Schönen, die das Leben nach Lust und Laune auskosten –, können es häufig nicht glauben.

“Zu schön, um wahr zu sein”, sagen einige oder: “Klingt nach Märchen.”

Unser „Märchen“ ist wahr geworden. Und dafür möchten wir uns tief verbeugen und uns bei allen bedanken, die ihren Teil dazu beigetragen haben und noch immer beitragen.

Es klingt fast schon etwas verrückt, aber ganz am Anfang waren wir es nicht einmal selbst, die unser Potenzial gesehen und an unsere Fähigkeiten in diesem Business geglaubt haben, sondern unser Förderer Horst. Ohne dessen Hartnäckigkeit wären wir nie eingestiegen. Von Herzen vielen Dank dafür.

Tausend Dank auch an unsere Company für den jahrelangen loyalen Support. Wir sind stolz ein Teil davon zu sein.

Ganz besonders bedanken möchten wir uns bei unseren Familien – ohne eure bedingungslose Liebe und Unterstützung in allen Bereichen wären wir heute nicht an dem Punkt, wo wir heute sein dürfen. Ihr seid die Besten und wir lieben euch.

Und wir möchten uns natürlich noch von Herzen bei all unseren Partnern im Move Club bedanken, vor allem bei unseren Leadern – ihr seid keine Geschäftspartner für uns, sondern unsere erweiterte Familie. Tausend Dank für jeden Moment mit euch.

Es war uns ein Anliegen, unsere Gedanken, Ideen und Strategien begeistert und authentisch mit anderen zu teilen, in der Hoffnung, positive Impulse und einen nachhaltigen Impact zu hinterlassen. Gerade auch, weil wir uns noch allzu gut an die vielen inspirierenden Geschichten, Biografien und Erfolgsbücher erinnern können, die wir selbst im Laufe der letzten Jahre geradezu verschlungen haben. Und die uns darin bestärkten, unseren eigenen Weg zu finden und zu gehen. Wir können sagen, dass wirklich jedes dieser Bücher einen Anteil an unserem heutigen Erfolg hat und dass jedes davon genau zur richtigen Zeit in unser Leben kam.

Wir würden uns sehr wünschen, dass unsere Zeilen bei dir genauso gut in Erinnerung bleiben und du irgendwann sagen kannst, dass du dieses Buch nicht nur genau zur richtigen Zeit gelesen hast, sondern dass es ein Stück weit zu deinem Erfolg beigetragen hat.

Was wir gemacht haben und mit diesem Buch bezwecken, ist ziemlich einfach und entspricht genau dem, was wir seit nunmehr über 12 Jahren jeden Tag tun und was mittlerweile zu unserem Lebensinhalt geworden ist, nämlich eigene Visionen in Realität zu verwandeln und insbesondere auch andere Menschen dazu zu ermutigen, ihre Träume zu leben und sie in die Tat umzusetzen.

Wir wollen damit nicht sagen, dass wir in unserem Leben keine Herausforderungen mehr haben, aber wir hatten das Privileg, mithilfe einiger sehr inspirierender und gleichgesinnter Menschen und unserer

Business-Opportunity aus dem berüchtigten Hamsterrad auszubrechen und dem klassischen Mainstream-Denken zu entkommen.

Im Gegensatz zu vielen anderen Familien empfinden wir unseren Alltag tatsächlich als Geschenk und haben ein Lebensmodell gefunden, in dem Beruf und Berufung sowie Familie und Hobby zu einem Business verschmolzen sind, das wir gar nicht als solches empfinden, sondern eher als unseren eigenen Way of Life. Denn genau betrachtet, ist Network-Marketing eben nicht nur ein Business, sondern eine moderne und zeitgemäße Art zu leben. Eine Lebensweise, die finanzielle und persönliche Freiheit ermöglicht.

Abschließend möchten wir uns bei allen Einsteigern und Aufsteigern sehr herzlich bedanken. Ihr habt uns dazu inspiriert, dieses Buch zu schreiben. Wir wünschen all denen, die sich bereits auf den Weg gemacht haben oder sich nun auf den Weg machen wollen, um richtig durchzustarten und auf ein Leben in zeitlicher und finanzieller Unabhängigkeit hinzuarbeiten, viel Erfolg, ein Quäntchen Glück und alles, alles Gute.

Herzliche Grüße,
Claudia und Dennis Gombkötö